中等职业教育教材

化工安全技术与管理

李生芳 主编

李永梅 孙秀华 副主编

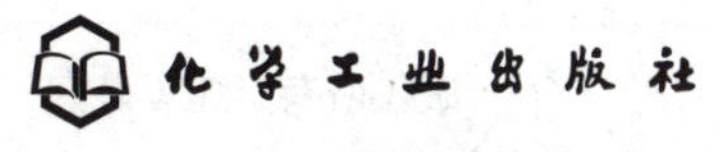

·北京·

内容简介

《化工安全技术与管理》采用项目-任务的形式进行编排，全书包含七个项目：树立安全理念、安全防护用品的使用、防火防爆安全防护技术、危险化学品、危险源辨识、防止检修现场伤害、安全事故应急处理。内容的展开顺序与企业人员在实际生产过程中的安全认识相吻合，整体浅显易懂、循序渐进，符合中等职业院校学生的认知规律及职业能力成长规律。每个项目分解为若干个任务，每个任务均设有灵活多变的学习活动，采用活页式装订，方便进行行动导向教学，充分体现出学生主体、教师主导作用，真正做到“教、学、做”一体化。

本书可作为中等职业教育安全类、化工技术类专业教学用书。

图书在版编目（CIP）数据

化工安全技术与管理 / 李生芳主编；李永梅，孙秀华副主编. —北京：化学工业出版社，2024.6
中等职业教育教材
ISBN 978-7-122-45469-0

Ⅰ.①化… Ⅱ.①李… ②李… ③孙… Ⅲ.①化学工业－安全技术－中等专业学校－教材 Ⅳ.①TQ086

中国国家版本馆CIP数据核字（2024）第080558号

责任编辑：王海燕　提　岩　　文字编辑：苏红梅　师明远
责任校对：田睿涵　　装帧设计：关　飞

出版发行：化学工业出版社
（北京市东城区青年湖南街13号　邮政编码100011）
印　　装：中煤（北京）印务有限公司
787mm×1092mm　1/16　印张16　字数298千字
2024年6月北京第1版第1次印刷

购书咨询：010-64518888
售后服务：010-64518899
网　　址：http://www.cip.com.cn
凡购买本书，如有缺损质量问题，本社销售中心负责调换。

定　　价：56.00元

前言

本教材以党的二十大精神中“全面贯彻党的教育方针，落实立德树人根本任务”“提高公共安全治理水平”为引领，落实《国务院安委会办公室关于进一步加强国家安全生产应急救援队伍建设的指导意见》，服务“中国式现代化”发展战略，服务国家经济社会发展，结合行业发展新技术、新趋势，对标行业安全生产规范及标准，服务产业发展新模式，促进新时代的职业教育发展。

本教材主要面向中等职业院校化工技术类、安全类专业学生。以培养学生的实践技能、职业道德及可持续发展能力为出发点，以典型工作任务为载体，真实工作环节为依托，按工作过程整合教学内容，采用项目导向、任务驱动、理论-3D仿真-实践一体化的课程改革理念编写。以我国新型工业化发展现状为背景，以保障安全生产，促进美好生活为目的，有机融入课程思政内容，以生产事故预防与应急救援为着力点，对接专业核心课程与岗位核心技能，培养学生生产事故应急救援的技术技能，提升学生的职业能力。

本书参照“化工总控工”“危险与可操作性分析”职业标准中有关安全的具体要求，结合现代化工HSE竞赛项目，从初次接触化工生产的操作者角度进行编写。首先，认识到化工行业的重要性及安全操作的必要性，树立安全理念；其次，通过安全防护用品的选择与使用、防止燃烧爆炸伤害、典型化工企业危险源辨识、危险化学品储运等项目使读者掌握安全防护及操作技能；最后，以3D虚拟仿真技术、安全竞赛操作装置为载体，通过受限空间（也称有限空间）作业、高处作业、动火作业等内容使学生掌握化工企业现场检修作业的安全规程。以危险化学品泄漏中毒、泄漏着火等事故现象分析、事故判断、事故处理等综合实训，提升学生安全事故应急处理的能力。

教材共七个项目，李生芳担任主编，李永梅、孙秀华担任副主编，彭振博担任主审。项目一、六、七由李生芳编写；项目二、三由李永梅编写；项目四由马秀英、李生芳编写；项目五由孙秀华编写；全书由李生芳统稿。

在教材编写过程中，得到企业专家和同行的无私支持，在此一并表示感谢。

由于编者水平有限，不完善之处在所难免，敬请读者批评指正。

编者

2024年1月

目录

二维码数字资源目录

项目一 树立安全理念

任务一 认识化工生产过程

【任务引入】

有人说化学工业（简称化工）是红色的，到处都是易燃易爆物；有人说化工是黄色的，到处都有污染；人们常常会“谈化色变”。也有人说，化工与人类生活息息相关，人们的衣食住行离不开它。我们应该怎么做？恐惧化工？厌恶化工？抛弃化工？这显然是不对的。请查阅资料，了解化工与人类生活的关系，谈谈你眼中的化工。

【任务分析】

化学工业对人类的贡献及对国民经济的作用是多方面的。化学工业从它形成时起就为其他工业部门提供必需的物质基础。例如，从早期工业革命开始，化工为机械、纺织、建筑工业提供不可缺少的酸和碱；随后生产的一些化学品又为交通运输、电力工业提供必需的原材料和辅助品；20世纪，氨、硝酸等化工产品为火药、炸药工业提供原料，而三大合成材料的成功又带动了一大批工业发展，甚至产生了新工业（例如塑料加工业）。概括而言，化学工业在国民经济中是工业革命的助手、农业发展的支撑、战胜疾病的武器及改善生活的手段，与衣、食、住、行息息相关。

【任务目标】

① 认识化工行业的重要性；

② 知道化工生产的特点；

③ 具备行业认同感和自豪感。

【知识储备】

化工是“化学工艺”“化学工业”“化学工程”等的简称。凡运用化学方法改变物质组成、结构或合成新物质的技术，都属于化学生产技术，也就是化学工艺，所得产品被称为化学品或化工产品。化学工艺通常是对一定的产品或原料提出的，例如甲醇的生产，是指原料气制备及净化、甲醇合成、甲醇精制等步骤，具有个别生产的特殊性。在这些过程中，包括物理的和化学的两种操作。如果着眼于化学工业产品，通常包括无机化学工业、基本有机化学工业、高分子化学工业和精细化学工业等，化工不同于冶金、机械制造、基本建设、纺织和交通运输等，有其突出的特点。

化工生产的特点

1. 安全第一

化工生产中不安全因素较多，一旦发生事故，影响较大。因此，化工企业安全生产秉承以人为本的理念，安全第一，积极实行化工安全教育，实现化工企业安全生产、保护人民群众生命及财产安全、构建社会主义和谐社会。

2. 涉及的危险品多

化工生产，从原料到产品，包括工艺过程中的半成品、中间体、溶剂、添加剂、催化剂、试剂等，多数属于有毒有害易燃易爆物质，还有爆炸性物质。它们又多以气体和液体状态存在，极易泄漏和挥发。

3. 生产条件苛刻

在生产过程中，一个产品的生产需要多道工序，甚至十几道工序才能完成，生产流程长，工艺操作条件苛刻，如高温、深冷、高压、真空等，原料、辅助材料、中间产品、产品呈三种状态且互相变换。许多生产过程温度都达到和超过了物质的自燃点，一旦操作失误或因设备失修，往往引起停车、产品不合格或报废，甚至着火、爆炸等。

4. 园区化成趋势，生产规模大型化、自动化、智慧化

实施园区化发展战略，走集约化发展道路，以产业空间集聚、合理配置生产要素，是当今世界石油和化学工业发展的潮流。化工企业向着大型的现代化联合企业方向发展，在一个联合企业内部，厂际之间、车间之间，管道互通，原料产品互相利用，是一个组织严密、相互依存、高度统一不可分割的有机整体。任何一个厂或一个车间，乃至一道工序发生事故，都会影响全局。

5. 倒班制度

化工生产具有高度的连续性，不分昼夜，不分节假日，长周期的连续性决定了24h必须有专人监护、操作。因此，化工行业倒班是必不可少的。

【任务实施】

活动1：观看化工与人类生活的微视频并补充相关内容

观看生产过程的微视频，在图1-1中补充“我知道的”和“我收获的”相关化工产品。

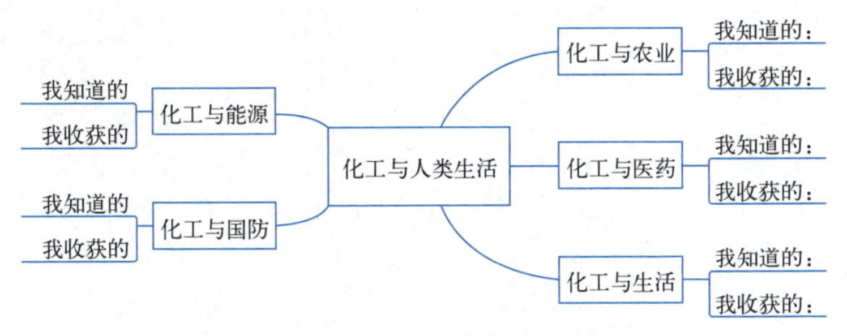

图1-1 化工与人类生活的关系

M1-1 认识化工生产过程

化学工业是重要的工业部门，与人类生活的发展息息相关。它上接炼油、炼焦等基础工业，一系列下游产品广泛应用于各类工业部门，特别是通过高分子产品向一系列轻工产业、交通运输行业、服装产业等提供必不可少的原料及加工产品。因此，发展工业离不开化学工业。在世界工业产值中化学工业约占10%，具有重要地位，在近几十年中，这一比例还在上升，即化学工业发展水平高于其他工业的平均值。

活动2：谈谈我眼中的化工

请结合学习感受，谈一谈你眼中的化工。

事实上，在一些新技术高速发展的今天，化工仍在稳步发展，并扮演着无名英雄的角色。试想一下，如果没有化工研制的固体推进剂，怎会有火箭和宇宙飞船的升天？如果没有化工提供的众多电子化学品，如计算机芯片用的单晶硅、高纯试剂等，怎会有今日奇妙的网络通信？可以说，化工是国民经济的重要支柱，也是发展新技术的基础并互相促进，化学工业不是夕阳产业。举目四望，哪一眼都能看到化工产品，人类再也离不开化工！如果你有兴趣，可以看一下《探索化学化工未来世界》和《我们需要化学》等系列科普片，看完后，也许你会说：“我是化工人，我骄傲！”

【任务评价】

评价内容	评价标准	个人自评（占 20%）	同桌评价（占 30%）	教师评价（占 50%）
课堂考勤及表现	1. 能按时上课，无迟到、旷课现象（5 分），否则扣除相应分数； 2. 上课表现状态良好，积极思考、回答问题（10 分）			
活动 1	1. 与观看视频内容相符（15 分）； 2. 字体工整、无错别字（10 分）； 3. 思路清晰、表述有条理（10 分）			
活动 2	1. 严禁抄袭，如有雷同，扣除相应分数（10 分）； 2. 符合认知规律，有独特见解（20 分）； 3. 表达有条理、内容丰富、用词得当（20 分）			
总评				

【巩固练习】

用4-3-2-1模式总结学习收获与感悟。

主题	4 （关键字）	3 （收获）	2 （行动）	1 （疑惑）
主题词				

拓展阅读：美丽的察尔汗盐湖

青海以青藏高原雄浑壮美的自然风光而独树一帜，青海的旅游资源十分丰富，不同的季节有着不同的美景。青海不仅有着金黄的花海、耀眼的雪山、似海的碧水，还拥有数不清的盐湖。每一个盐湖都有着自己的特色。

察尔汗盐湖（图1-2）位于青海省格尔木市，盐湖东西长160多公里，南北宽20～40公里，盐层厚约为2～20m，海拔2670m。盐湖自西向东分为别勒滩、达布逊、察尔汗和霍布逊4个湖区，总面积为5856平方公里，青藏铁路穿行而过。它是青海最大的盐矿资源，盛产钾盐、食盐，还有镁、锂、硼、碘等多种矿产，已建有大型的钾盐厂。据统计，察尔汗湖中储藏着500亿吨以上的氯化钠，可供全世界的70亿人口食用1000年。这里还出产闻名于世的光卤石，它晶莹透亮，十分可爱，伴生着镁、锂、硼、碘等多种矿产，钾盐资源极为丰富。

图1-2 察尔汗盐湖一角

“察尔汗”是蒙古语“盐泽”的意思。盐湖地处戈壁瀚海，这里气候炎热干燥，日照时间长，水分蒸发量远远高于降水量。因长期风吹日晒，湖内便形成了高浓度的卤水，逐渐结晶成了盐粒，湖面板结成了厚厚的盐盖，异常坚硬。

察尔汗盐湖是古海洋经青藏高原的地壳变迁，被山峰分隔并逐渐萎缩和干涸而形成的。在察尔汗盐湖，绿色植物难以生长，却孕育了晶莹如玉、变化万千的神奇盐花。盐花是盐湖中盐结晶时形成形状漂亮的结晶体的称谓。卤水在结晶过程中因浓度不同、时间长短不一、成分差异等原因，形成了形态各异、鬼斧神工一般的盐花。这里的盐花或形如珍珠、珊瑚，或状若亭台楼阁，或像飞禽走兽，一丛丛、一片片、一簇簇地立于盐湖中，把盐湖装点得美若仙境。整个湖看上去如耕耘过的沃土，又像是鱼鳞，一层一层，一浪一浪。

任务二　学会安全喊话

【任务引入】

安全培训与伞

“我怎么觉得安全培训在企业发展的过程中没起多大作用，相反还要花费大量时间和精力在培训上。不是浪费公司成本吗？”

“你家有雨伞吗？

“有啊。”

“每天都用吗？”

“下雨才用。”

“能不能下雨时再去买雨伞？”

“那不就晚了！”

“是的，培训学习和买雨伞一样都是做在前面的事情，等出了事故再去考虑培训学习已经晚了。”

有些事可以等，但提升安全意识和技能、养成安全习惯不能等。

让安全成为习惯，让习惯变得更安全！

“先其未然谓之防，发而止之谓之救，行而责之谓之戒”。安全生产教育培训是企业安全管理的重要内容之一，是搞好安全的基础性工作。只有加强安全教育，才能提高职工的安全意识和素质，切实搞好安全生产。企业需要一支诚信、敬业、创新、拼搏的高素质团队，安全教育的目的和要求，就是将“遵章守纪，以人为本，安全第一”的理念灌输于员工的头脑，使企业形成人人讲安全、人人关心安全的良好氛围。通过安全教育（通常为“三级”安全教育，如表1-1），让员工在生产经营活动中，运用自己所学的知识和掌握的内容，保障生产经营工作的顺利运行，确保员工生命和公司财产的安全。

表1-1　员工“三级”安全教育卡

姓名		姓名		部门	
厂级教育（闭卷）	教育内容： 国家、地方、行业安全健康与环境保护法规、制度； 本企业安全工作特点、安全状况； 本企业安全生产管理制度； 安全生产基本知识、消防知识、职业健康卫生基础知识；				

<table>
<tr><td rowspan="3">厂级
教育
（闭卷）</td><td colspan="4">作业场所存在的危险因素、防范措施及事故应急措施；
一般安全防护、应急救护知识，典型事故案例等。</td></tr>
<tr><td>培训人</td><td></td><td>时间</td><td>年　月　日</td></tr>
<tr><td></td><td></td><td>是否合格</td><td>□合格　□不合格</td></tr>
<tr><td rowspan="3">部门级
教育
（闭卷）</td><td colspan="4">教育内容：
本车间安全生产状况及规章制度；
危险源和相应的安全措施及注意事项、本车间主要设施；
本车间安全生产实施细则及安全技术操作规程；
所从事工种的安全职责、操作技能及强制性标准；
安全设施、工具、个人防护用品、急救器材、消防器材的使用方法和性能；
发现紧急情况时的急救措施及报告方法；
有关事故案例。</td></tr>
<tr><td>培训人</td><td></td><td>时间</td><td>年　月　日</td></tr>
<tr><td>成绩</td><td></td><td>是否合格</td><td>□合格　□不合格</td></tr>
<tr><td rowspan="3">班组
级教育
（实操）</td><td colspan="4">教育内容：
岗位安全技术规程、操作规定、安全职责及工艺流程；
岗位危险性及安全装置、工具、个人防护用品的正确使用和维护保养方法；
设备性能、物料辅性、注意事项。</td></tr>
<tr><td>培训人</td><td></td><td>时间</td><td>年　月　日</td></tr>
<tr><td colspan="2">是否合格</td><td colspan="2">□合格　□不合格</td></tr>
</table>

注：厂级教育由安全管理人员负责；部门级教育由车间负责人负责；班组级教育由各班组长负责，未设置班组的由车间负责人负责；三级培训完毕后要对受训人进行考试，完成后在考核栏内注明考核方式并确认是否合格。此表经签字后必须存入安全教育档案。

【任务分析】

新入职的装置一线操作员工对于化工行业相关的法律法规、安全管理制度、厂规厂纪及相关安全注意事项及知识不熟悉，直接进行相关工艺操作存在较大风险及隐患，需要学习三级安全教育，提高自身安全意识及掌握安全相关知识，随后通过制定装置安全规程制度以规范自身安全行为习惯，最后学习“安全喊话”来提高自身对于具体实施现场工艺操作风险的分析与管控，以帮助新入职员工达到装置上岗的安全要求。

【任务目标】

① 知道三级安全教育及其重要性；

② 能够制作三级安全教育卡片；

③ 遵守安全规章制度；

④ 班组能进行正确的“安全喊话”。

【知识储备】

一、三级安全教育

加工、制造业等生产单位的其他从业人员，在上岗前必须经过厂、车间、班组三级安全培训教育。生产经营单位可以根据工作性质对其他从业人员进行安全培训，保证其具备本岗位安全操作、应急处置等知识和技能。岗前培训时间不得少于24学时。煤矿、非煤矿山、危险化学品、烟花爆竹等生产经营单位新上岗的从业人员安全培训时间不得少于72学时，每年接受再培训的时间不得少于20学时。

1. 厂级岗前安全培训

① 本单位安全生产情况及安全生产基本知识；

② 本单位安全生产规章制度和劳动纪律；

③ 从业人员安全生产权利和义务；

④ 有关事故案例等。

煤矿、非煤矿山、危险化学品、烟花爆竹等生产经营单位厂级安全培训除包括上述内容外，应当增加事故应急救援、事故应急预案演练及防范措施等内容。

2. 车间级岗前安全培训

① 工作环境及危险因素；

② 所从事工种可能遭受的职业伤害和伤亡事故；

③ 所从事工种的安全职责、操作技能及强制性标准；

④ 自救互救、急救方法、疏散和现场紧急情况的处理；

⑤ 安全设备设施、个人防护用品的使用和维护；

⑥ 本车间安全生产状况及规章制度；

⑦ 预防事故和职业危害的措施及应注意的安全事项；

⑧ 有关事故案例；

⑨ 其他需要培训的内容。

3. 班组级岗前安全培训

① 岗位安全操作规程；

② 岗位之间工作衔接配合的安全与职业卫生事项；

③ 有关事故案例；

④ 其他需要培训的内容。

二、安全行为规范

① 员工应自觉遵守法律法规，严格执行安全管理制度，严格按照操作规程、操作手册（操作法）、作业指导书、工艺卡片等要求，规范实施生产操作、巡检、监护等行为；

② 员工应树立基于风险与隐患管理的安全意识，基于对风险的评估、针对可能发生的异常状况，开展演练并总结提升，确保紧急情况下初期应急处置准确及时；

③ 员工应熟知劳动防护标准，正确穿（佩）戴劳动保护用品，配备必要的安全工具；

④ 员工参加安全学习、培训，应按正常工作标准认真对待，严格遵守纪律，保证学习、培训的实际效果；

⑤ 员工有权拒绝不安全的工作、有权拒绝违章指挥、有权制止不安全行为；

⑥ 员工应在工作中做到不伤害自己、不伤害他人、不被他人伤害、保护他人不被伤害。

某石化企业不安全行为负面清单如表1-2所示。

表1-2 某石化企业不安全行为负面清单

类别	具体内容
员工非生产操作	1. 行走、上下楼梯和骑车时目视手机； 2. 非机动车辆或行人在机动车临近时，突然横穿马路； 3. 站在道路中间交流； 4. 作业时姿势动作不规范、不协调； 5. 单手上下直爬梯； 6. 携带违禁品进入厂区
员工劳保用品使用	1. 不按规定着装进入生产岗位和施工现场； 2. 穿易产生静电的服装进入易燃、易爆区，尤其是在该区穿、脱衣服或用化纤织物擦拭设备； 3. 在有旋转零部件设备旁，穿着过大服装、佩戴过长悬挂物（如工作吊牌等）
员工生产操作	1. 员工巡检时流于形式，发现不了明显的事故隐患； 2. 危险化学品装卸人员装卸作业时擅离岗位； 3. 未经许可，关停、移动机器或开动、关停机器时未给信号； 4. 随意触摸不熟悉的机械、器具及控制开关； 5. 擅自拆除安全装置或造成安全装置失效； 6. 擦洗或拆卸正在运转中的转动部件； 7. 操作带有旋转部件的设备时戴手套； 8. 用汽油、易挥发溶剂擦洗设备、衣物、工具及地面等； 9. 与正在作业中的人长时间交谈

续表

类别	具体内容
应急处置	1. 看到或听到现场报警不采取应急措施； 2. 高硫化氢环境下不佩戴正压式空气呼吸器； 3. 意外事件发生时，向事发地聚集“看热闹”

三、安全喊话

1. 责任人

安排施工或生产任务的人员是班前安全教育活动的责任人，负责在安排任务时对作业人员进行班前安全教育。

2. 班前教育的主要内容

总结前一天或上一班安全施工情况、存在问题以及整改情况。本班施工任务，作业人员分工和工作标准，本班工作的危险源、风险、安全措施、紧急情况处置和逃生措施。

3. 需重点教育的情况

① 该工序首次施工时；

② 工序中断时间超过一个月后恢复施工时；

③ 新进班组首次施工时；

④ 危险性较大工序施工时；

⑤ 特殊季节或特殊天气条件下施工时；

⑥ 使用开挖、吊装等机械时；

⑦ 其他需要重点交底的情况。

4. 班前教育要求

每次作业前，班前安全教育责任人应集合全体作业人员，列队进行点名并在作业现场进行班前安全教育。对出现上述的7种重点情况时，班前安全教育责任人要认真填写班前安全教育记录，接受教育的人员如实签名。班前安全教育记录由现场负责人负责。

【任务实施】

活动1：制作三级安全教育卡片

请同学们阅读化工厂三级安全教育内容，并把这些内容填到岗前三级安全教育卡片对应的地方。

化工厂三级安全教育内容

（1）安全设施、个体防护用品的使用与维护；

（2）岗位安全操作规程；

（3）本单位安全生产规章制度和劳动纪律；

（4）岗位之间工作衔接配合的安全与职业卫生注意事项；

（5）工作环境及危险有害因素；

（6）事故应急救援、事故应急预案演练及防范措施等内容；

（7）班组相关事故案例；

（8）预防事故和职业危害的措施及应注意事项；

（9）本车间安全状况及相关规章制度；

（10）所从事工种可能遭受的职业危害和伤亡事故；

（11）企业相关事故案例；

（12）自救互救、急救方法、疏散和现场紧急情况的处理；

（13）所从事工种的安全职责、操作技能、强制标准；

（14）本单位安全生产情况及安全生产基本知识；

（15）车间相关事故案例；

（16）从业人员安全生产权利和义务。

说明：本页内容仅为参考，以方便学员了解岗前三级安全教育的内容，并对本页内容进行厂、车间与班组的分类。

<table>
<tr><td colspan="13">岗前三级安全教育卡片</td></tr>
<tr><td>班组</td><td colspan="2"></td><td>人数</td><td></td><td colspan="2">培训时间</td><td></td><td colspan="2">身体状况</td><td colspan="3"></td></tr>
<tr><td>原工种</td><td colspan="4"></td><td colspan="2">现工种</td><td colspan="6"></td></tr>
<tr><td rowspan="4">三级安全教育</td><td colspan="4">（　　）级安全教育</td><td colspan="4">（　　）级安全教育</td><td colspan="4">（　　）级安全教育</td></tr>
<tr><td>部门</td><td colspan="3"></td><td>部门</td><td colspan="3"></td><td>部门</td><td colspan="3"></td></tr>
<tr><td colspan="4">内容：</td><td colspan="4">内容：</td><td colspan="4">内容：</td></tr>
<tr><td>成绩</td><td></td><td>主考</td><td></td><td>成绩</td><td></td><td>主考</td><td></td><td>成绩</td><td></td><td>主考</td><td></td></tr>
<tr><td>备注</td><td colspan="12">1. 卡片随人员落户到所在工作单位（部门）长期保存。
2. 分公司系统内工作调动人员均按照新入厂职工办理三级安全教育程序。脱离岗位六个月以上者要调出原始单位（部门）三级安全教育卡片接收二级教育，并将教育情况登记到教育卡片中。</td></tr>
</table>

活动2：制定不安全负面清单表

根据精馏实训装置的现场情况，制定本“工厂”的不安全负面清单表。

不安全行为负面清单表			
员工非生产操作方面	员工劳保用品使用方面	员工生产操作方面	应急处置方面

活动3：制定安全喊话内容

M1-2 安全喊话

工作情境：某石化公司，2021年07月12日下午14：00，煤制甲醇变换生产车间一班班长接到生产任务，即将进入现场对装置进行换热器设备隔离。请班长检查班组成员劳保用品穿戴情况，并强调纪律，进入现场前组织安全喊话。以班组为单位，必须按照标准形式进行。

内容一：（上一班安全施工情况、存在问题以及整改情况）

① ______________________________

② ______________________________

③ ______________________________

内容二：（本班换热器隔离任务的作业人员分工和工作标准）

① ______________________________

② ______________________________

③ ______________________________

内容三：（换热器隔离任务的危险源、风险、安全措施、紧急情况处置）

① ______________________________

② ______________________________

③ ____________________

内容四：（逃生措施和其他需要重点交底的情况）

① ____________________

② ____________________

③ ____________________

【任务评价】

综合评价表				
学习情境	新入职员工入厂安全学习			
评价项目	评价标准	分值	自评	师评
考勤	无无故迟到、早退、旷课现象	10		
学习三级安全教育	能说出三级安全教育的总体要求	5		
	能说出厂级安全培训的内容要点	5		
	能说出车间级安全培训的内容要点	5		
	能说出班组级安全培训的内容要点	5		
	制作的三级安全教育卡片准确、全面	10		
制定装置安全规章制度	能结合自身，全面制定本装置安全规章制度	10		
进行安全喊话	能正确、完整地向其他职工喊出安全喊话内容	15		
	其他入职员工安全喊话时能完善他人安全喊话内容	5		
工作态度	态度端正，工作认真、主动	10		
工作质量	能按计划完成工作任务	10		
职业素质	能做到安全生产、文明施工，保护环境，爱护公共设施	10		
合计		100		
综合评价	自评（30%）	培训人员评价（70%）	综合得分	

【巩固练习】

结合本次课程的学习内容，请你谈一谈进行安全教育对于化工企业和个人的意义是什么？

拓展阅读：事故的预防措施

一般来说，人的不安全行为、物的不安全状态和管理上的缺陷所形成的“隐患”，可能直接导致死亡事故，甚至火灾爆炸等恶性事故的发生。因此，实现安全生产必须抓好人、机、物、管理和环境五个方面。根据伤亡致因理论及对大量事故分析结果显示，事故发生主要是设备或装置缺乏安全措施、管理缺陷和教育不够三方面造成的。事故预防必须采取一系列的综合措施（图1-3）。

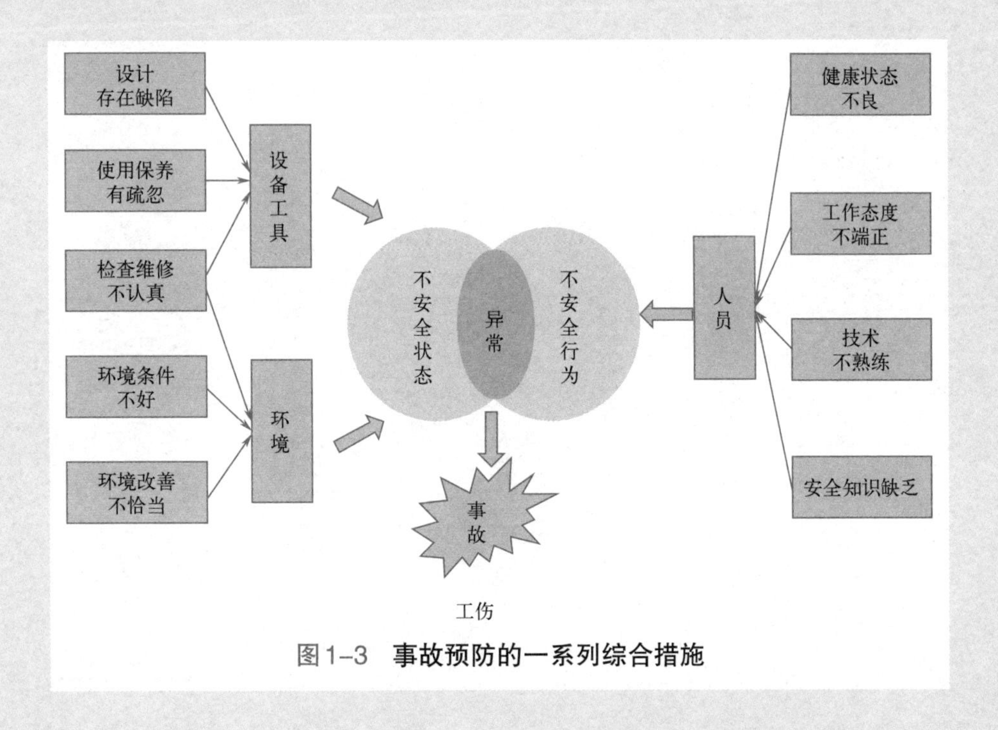

图1-3 事故预防的一系列综合措施

任务三　遵守安全生产法律法规

【任务引入】

【案例】2022年9月16日，永嘉县应急管理局对某公司开展执法检查时，发现该公司一楼后处理车间和三楼制壳车间的消火栓前堆有杂物。该隐患已于2022年9月2日被公司安全管理员周某某发现并记录在隐患排查记录上，提出了整改措施，但之后周某某并未督促落实整改，安全隐患一直存在。执法人员当即下达《责令限期整改指令书》，责令该公司限期整改并对周某某安全生产违法行为立案调查。

经调查，该公司安全管理员周某某的行为违反了《中华人民共和国安全生产法》第二十五条第一款第（七）项“督促落实本单位安全生产整改措施”之规定。依据《中华人民共和国安全生产法》第九十六条的规定，2022年10月24日，永嘉县应急管理局对周某某作出罚款1.3万元的行政处罚。

【任务分析】

为贯彻执行“以人为本，坚持人民至上、生命至上，把保护人民生命安全摆在首位，树立安全发展理念，坚持安全第一，预防为主、综合治理”的方针，加强岗位安全生产工作，更好地遵守国家有关安全生产法律法规，建立健全安全生产的自我约束机制，规范化进行生产操作，防止和减少事故，各级各类人员必须严格遵照执行，履行安全职责，确保安全生产。

【任务目标】

① 了解安全生产法律法规；

② 知道安全生产相关原则；

③ 具备安全生产法治意识。

【知识储备】

一、《中华人民共和国安全生产法》

2021年6月10日，十三届全国人大常委会第二十九次会议表决通过了关于修改《中华人民共和国安全生产法》（简称《安全生产法》）的决定。修改后的《安全生产法》于2021年9月1日施行。

安全生产工作应当以人为本，坚持人民至上、生命至上，把保护人民生命安全摆在首位，树牢安全发展理念，坚持安全第一、预防为主、综合治理的安全生产管理方针，从源头上防范化解重大安全风险。

《安全生产法》是我国第一部全面规范安全生产的专门法律，在安全生产法律法规体系中占有极其重要的地位。包括总则、生产经营单位的安全生产保障、从业人员的权利和义务、安全生产的监督管理、生产安全事故的应急救援与调查处理、法律责任、附则，共七章一百一十九条。

《安全生产法》是我国安全生产法律体系的主体法，是各类生产经营单位及其从业人员实现安全生产所必须遵循的行为准则，确立了对各行业和各类生产经营单位普遍适用的七项基本法律制度。包括安全生产监督管理制度、生产经营单位安全保障制度、生产经营单位负责人安全责任制度、从业人员安全生产权利义务制度、安全中介服务制度、安全生产责任追究制度、事故应急救援和处理制度。

安全生产工作实行管行业必须管安全、管业务必须管安全、管生产经营必须管安全，强化和落实生产经营单位主体责任与政府监管责任，建立生产经营单位负责、职工参与、政府监管、行业自律和社会监督的机制。

二、《中华人民共和国职业病防治法》

《中华人民共和国职业病防治法》（简称《职业病防治法》）所称职业病，是指企业、事业单位和个体经济组织等用人单位的劳动者在职业活动中，因接触粉尘、放射性物质和其他有毒、有害因素而引起的疾病。职业病的分类和目录由国务院卫生行政部门会同国务院劳动保障行政部门制定、调整并公布。职业病危害告知卡如图1-4所示。

《职业病防治法》共分总则、前期预防、劳动过程中的防护与管理、职业病诊断与职业病病人保障、监督检查、法律责任、附则，共七章八十八条，我国将每年4月的最后一周确定为职业病防治法宣传周。

立法的宗旨：为了预防、控制和消除职业病危害，防治职业病，保护劳动者健康及其相关权益，促进经济发展。

预防职业病方针：职业病防治工作坚持预防为主、防治结合的方针，实行分类管理、综合治理。

三、《中华人民共和国消防法》

《中华人民共和国消防法》简称《消防法》。

职业病危害告知卡		
作业场所产生粉尘，对人体有损害，请注意防护		
	健康危害	理化特性
粉尘 dust	长期接触生产性粉尘的作业人员，当吸入的粉尘量达到一定数量即可引发肺尘埃沉着病，还可以引发鼻炎、咽炎、支气管炎、皮疹、眼结膜损害等。	无机性粉尘、有机性粉尘、混合性粉尘。
注意防尘	应急处理	
	发现身体状况异常时要及时去医院进行检查治疗。	
	注意防护	
	必须佩戴个人防护用品，按时、按规定对身体状况进行定期检查、对除尘设施定期维护和检修，确保除尘设施运转正常，作业场所禁止饮食、吸烟。	
标准限值：$4mg/m^3$	检测数据：	检测日期：
急救电话：120　消防电话：119　应急电话：		

（a）粉尘职业病危害告知卡

职业病危害告知卡		
作业场所产生噪声，对人体有损害，请注意防护		
	健康危害	理化特性
噪声 Noise	致使听力减弱、下降，时间长可引起永久耳聋，并引发消化不良，呕吐、头痛、血压升高、失眠等全身性病症。	声强和频率的变化都无规律，杂乱无章的声音。
噪声有害	应急处理	
	使用防声器如：耳塞、耳罩、防声帽等，如发现听力异常，则到医院检查、确诊。	
	注意防护	
	利用吸声材料或吸声结构来吸收声能：佩戴耳塞，隔声间、隔声屏，将空气中传播的噪声挡住、隔开。 必须戴护耳器	
标准限值：85dB(A)	检测数据：	检测日期：
急救电话：120　消防电话：119　应急电话：		

（b）噪声职业病危害告知卡

图1-4　职业病危害告知卡示例

《消防法》包括总则、火灾预防、消防组织、灭火救援、监督检查、法律责任、附则，共七章七十四条。

立法目的：为了预防火灾和减少火灾危害，加强应急救援工作，保护人身、财产安全，维护公共安全。

消防工作的方针、原则和责任制：消防工作贯彻预防为主、防消结合的方针，按照政府统一领导、部门依法监管、单位全面负责、公民积极参与的原则，实行消防安全责任制，建立健全社会化的消防工作网络。

四、《危险化学品安全管理条例》

《危险化学品安全管理条例》是为了加强危险化学品的安全管理，预防和减少危险化学品事故，保障人民群众生命财产安全，保护环境而制定的国家法规。适用于危险化学品生产、储存、使用、经营和运输的安全管理。

《危险化学品安全管理条例》共八章一百零二条，规定国家实行危险化学品登记制度，为危险化学品安全管理以及危险化学品事故预防和应急救援提供技术、信息支持。危险化学品安全管理，坚持安全第一、预防为主、综合治理的方针，强化和落实企业的主体责任。任何单位和个人不得生产、经营、使用国家禁止生产、经营、使用的危险化学品。明确国家对危险化学品的生产、储存实行统筹规划、合理布局。国家对危险化学品经营（包括仓储经营）实行许可制度。

五、《工伤保险条例》

《工伤保险条例》包括总则、工伤保险基金、工伤认定、劳动能力鉴定、工伤保险待遇、监督管理、法律责任、附则，共八章六十七条。

制定的目的：为了保障因工作遭受事故伤害或者患职业病的职工获得医疗救治和经济补偿，促进工伤预防和职业康复，分散用人单位的工伤风险。

工伤保险的基本原则：一是无责任补偿原则；二是补偿直接经济损失的原则；三是保障和补偿相结合的原则；四是预防、补偿和康复相结合的原则。

六、《生产安全事故报告和调查处理条例》

为了规范生产安全事故的报告和调查处理，落实生产安全事故责任追究制度，防止和减少生产安全事故，根据《安全生产法》和有关法律而制定了《生产安全事故报告和调查处理条例》，该条例共六章四十六条。

事故等级：根据生产安全事故（以下简称事故）造成的人员伤亡或者直接经济损失，事故一般分为以下等级（见表1-3）。

表 1-3　事故分级表

分类	死亡人数	重伤人数	直接经济损失
特别重大事故	30 人以上	100 人以上	1 亿元以上
重大事故	10 人以上～ 30 人以下	50 人以上～ 100 人以下	5000 万元以上～ 1 亿元以下
较大事故	3 人以上～ 10 人以下	10 人以上～ 50 人以下	1000 万元以上～ 5000 万元以下
一般事故	3 人以下	10 人以下	1000 万元以下

事故报告：事故发生后，事故现场有关人员应当立即向本单位负责人报告。单位负责人接到报告后，应当于 1 小时内向事故发生地县级以上人民政府安全生产监督管理部门和负有安全生产监督管理职责的有关部门报告。情况紧急时，事故现场有关人员可以直接向事故发生地县级以上人民政府安全生产管理部门和负有安全生产监督管理职责的有关部门报告。

七、《安全生产违法行为行政处罚办法》

《安全生产违法行为行政处罚办法》是为了制裁安全生产违法行为，规范安全生产处罚工作而制定的，包括总则，行政处罚的种类、管辖，行政处罚的程序，行政处罚的适用，行政处罚的执行和备案，附则。共六章六十九条。

【任务实施】

活动 1：查阅相关资料，完成相应的安全生产原则

①“三同时”原则：

生产性基本建设项目中的劳动安全卫生设施必须符合国家规定的标准，必须与主体工程________________________________，保障劳动者在生产过程的安全与健康。

②“三同步”原则：

企业在考虑经济发展，进行机构改革、技术改造时，安全生产要与之________

____

③“四不伤害”原则：

____

____

④“四不放过”原则：

____

____

⑤“五同时”原则：企业生产组织及领导者在计划、布置、检查、总结、评

比经营工作的时候，要同时计划、布置、检查、总结、评比安全工作。

活动2： 谈谈你知道的关于安全生产的法律法规还有哪些？

简要介绍主要内容

【任务评价】

评价内容	评价标准	个人自评（占20%）	同桌评价（占30%）	教师评价（占50%）
课堂考勤及表现	1. 能按时上课，无迟到、旷课现象（5分），否则扣除相应分数； 2. 上课表现状态良好，积极思考，回答问题（10分）			
活动1	1. 内容正确（25分）； 2. 字体工整、无错别字（10分）； 3. 思路清晰、表述有条理（10分）			
活动2	1. 严禁抄袭，如有雷同，扣除相应分数（10分）； 2. 表达有条理、内容丰富、用词得当（30分）			
总评				

【巩固练习】

总结安全生产法律法规相关内容。

有关安全生产法律法规的名称	概述主要内容

拓展阅读：HSE管理体系简介

健康、安全与环境管理体系简称为HSE管理体系，或简单地用HSE MS（health safety and enviroment management system）表示。HSE MS是国际石油天然气工业通行的管理体系。它集各国同行管理经验之大成，体现当今石油天然气企业在大城市环境下的规范运作，突出了预防为主、领导承诺、全员参与、持续改进的科学管理思想，是石油天然气工业实现现代管理，走向国际大市场的准行证。健康、安全与环境管理体系的形成和发展是石油勘探开发多年管理工作经验积累的成果，它体现了完整的一体化管理思想。

项目二 安全防护用品的使用

任务一 躯体、肢体与头部防护用品的选择与使用

【任务引入】

不穿戴劳动保护用品，造成安全生产责任事故案例分析。

【案例】2017年3月20日，某特殊钢有限责任公司技质部物理室试样加工组下午上班后，陈某某（物理室试样加工组组长，张某某的师傅）根据当天加工任务，安排张某某（试样工）操作CA6140普通车床，加工两个拉力试样。

张某某按照组长的安排，立即开动车床加工试样。完成一个拉力试样的加工后，在加工另一个拉力试样时，感觉加工的难度较大，于是请师傅陈某某到车床指导，张某某站着听陈某某讲解。约15时25分，陈某某使用锉刀（外缠纱布）抛光试样斜坡度时，人突然趴在车床上，张某某立即关机，并报告副组长刘某某，刘某某立即报告物理室主任郭某某，郭某某立即通知120，并打电话向公司领导报告。120急救车到现场后，医生发现陈某某已死亡。

【任务分析】

1. 事故原因

该公司技质部物理实验室试样加工组试样工陈某某，加工拉力试样时未按安全操作规程穿戴劳动保护用品，右手衣袖被旋转的拉力试样绞入，人往前倾斜，头与旋转的车床夹头撞击，是事故发生的直接原因。

2. 根本原因

① 该公司技质部对职工遵章守纪教育不够，对职工违章现象检查、督促、

纠正不力是事故的间接原因。

② 经调查取证和原因分析，该事故是因陈某某安全意识淡薄，未按规定穿戴劳动保护用品造成的安全生产责任事故。

3. 防范措施

① 公司安全部门为吸取“3·20”事故教训，3月24日对各单位机加工现场进行了一次专项安全检查。

② 公司准备在市安监局和集团公司联合调查组对“3·20”事故调查处理意见明确后，召开“事故现场安全警示会”，组织各单位负责设备的领导、机修车间主任、机修组长参加，以血的教训进行安全警示教育。

③ 认真吸取血的教训，珍惜生命，在技质部内开展“我要安全，安全在我心中”活动，并就“3·20”工伤伤亡事故要求物理试样室加工组每位职工写一篇感想。

④ 对“3·20”工伤伤亡事故，技质部立即召开安委会，布置相关工作，在近期要求各单位加大对职工的安全教育培训，提高职工自身防范意识。

据有关部门统计，在工伤、交通死亡事故中，因头部受伤致死的比例最高，大约占死亡总数的35.5%，其中因坠落物撞击致死的为首。坠落物伤人事故中15%是因为安全帽使用不当造成的。因此，安全帽对于我们来说不仅仅是一顶帽子，它关系着员工的生命，家庭的幸福，企业的发展。

【任务目标】

① 掌握安全帽的定义与分类；
② 掌握躯体防护服、防护手套的分类及选用原则；
③ 掌握安全帽、防护手套的佩戴与使用；
④ 掌握足部防护用品的种类、选择及使用。

【知识储备】

一、正确选择与佩戴安全帽

劳动防护用品是劳动者在生产过程中为免遭或减轻事故伤害和职业危害，个人随身穿（佩）戴的用品。国际上称为PPE（personal protective equipment），即个人防护器具。

现场的每位员工都应遵章守规，正确佩戴好劳保用品，戴好安全帽就是其中必不可少的内容之一。安全帽的安全标志如图2-1所示。

1. 安全帽的定义

对人体头部受坠落物及其他特定因素引起的伤害起防护作用的帽子称为安全帽。

为了达到保护头部的目的，安全帽必须有足够的强度，同时还应具有足够的弹性，以缓冲落体的冲击作用。

图2-1 安全帽的安全标志

M2-1 头部防护用品的选择与使用

2. 安全帽的分类

安全帽产品被国家列为特种劳动防护用品，实行工业产品生产许可证制度和安全标志认证制度，是关系到劳动者人身安全健康的重要产品。

安全帽按性能分为普通型（P）和特殊型（T）。普通型安全帽是用于一般作业场所，具备基本防护性能的安全帽产品。特殊型安全帽是除具备基本防护性能外，还具备一项或多项特殊性能的安全帽产品，适用于与其性能相适应的特殊作业场所。如防静电安全帽、电绝缘安全帽、抗压安全帽、防寒安全帽、耐高温安全帽。

带有电绝缘性能的特殊型安全帽按耐受电压大小分为G级和E级。G级电绝缘测试电压为2200V，E级电绝缘测试电压为20000V。

3. 安全帽的结构与防护作用

（1）安全帽的结构

① 帽壳：安全帽的主要构件，一般采用椭圆形或半球形薄壳结构。材质主要有ABS、PE、玻璃钢等。

② 帽衬：帽衬是帽壳内直接与佩戴者头顶部接触部件的总称。帽衬的材料可用棉织带、合成纤维带和塑料衬带制成。

③ 下额带：系在下额上的带子，起到固定安全帽的作用。

安全帽的组成结构如图2-2所示。

（a）安全帽外形

（b）安全帽帽衬

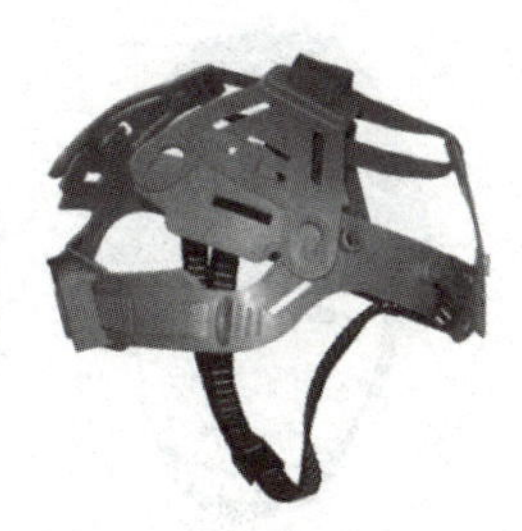
（c）安全帽帽衬内部结构

图2-2 安全帽的组成结构

（2）安全帽的防护作用 安全帽是企业员工必需的劳动保护用品，它对在地面和高空作业的员工能起到很好的保护作用。安全帽具有六大防护作用：

① 防止突然飞来物体对头部的打击；

② 防止从2～3m以上高处坠落时头部受伤；

③ 防止头部遭电击；

④ 防止化学和高温液体从头顶浇下时头部受伤；

⑤ 防止头发被卷进机器里；

⑥ 防止头部暴露在粉尘中。

（3）安全帽的选择　选购安全帽应注意以下几点：

① 检查“三证”：即生产许可证、产品合格证、安全鉴定证。

② 检查标识：检查永久性标识和产品说明是否齐全、准确。安全帽上加贴含有如下信息的标签：

a. 品名和类别；

b. 企业名称、地址；

c. 制造年 、月；

d. 出厂合格证；

e. 生产许可证标志和编号的标记；

f. 产品执行的标准；

g. 法律、法规要求标注的内容。

③检查产品做工：合格的产品做工较细，不会有毛边，质地均匀。

另外，安全帽属于国家劳动防护产品，应该具有“安全防护”的盾牌标识，如图2-3所示。

图2-3　“安全防护”盾牌标识

4. **安全帽的佩戴**

戴安全帽时，必须系紧安全帽带，保证各种状态下不脱落；安全帽的帽檐，必须与目视方向一致，不得歪戴或斜戴，如图2-4所示。

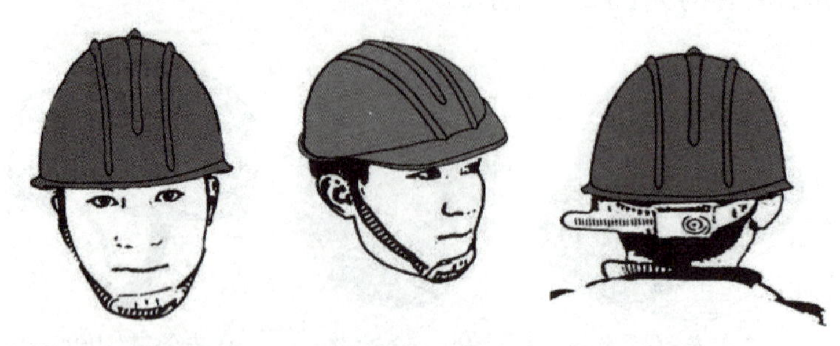

图2-4　正确佩戴安全帽示意图

5. **安全帽的使用期限**

自购入时间算起，织物帽一年半内使用有效，塑料帽不超过两年，层压帽和玻璃钢帽两年半，橡胶帽和防寒帽三年，乘车安全帽为三年半。

上述各类安全帽超过其一般使用期限后易出现老化，丧失安全帽的防护性能。

二、正确选择和使用躯体防护服

1. 躯体防护服的分类

躯体防护服的分类及其性能见表2-1。

表2-1 躯体防护服的分类及其性能

名称	性能
一般防护服	以织物为面料，采用缝制工艺制成的，起一般性防护作用
化学品防护服	防止危险化学品的飞溅和对人体造成的接触伤害，为保护自身免遭化学危险品或腐蚀性物质侵害而穿着的防护服装
绝缘服	可防7000V以下高电压，用于带电作业时的身体防护
防放射性服	具有防放射性性能，防止放射性物质对人体的伤害
焊接防护服	用于焊接作业，防止作业人员遭受熔融金属飞溅及其热伤害
隔热服	防止高温物质接触或热辐射伤害
阻燃防护服	用于作业人员从事有明火、散发火花、在熔融金属附近操作有辐射热和对流热的场合和在有易燃物质并有着火危险的场所穿用，在接触炙热物体后，一定时间内能阻止本身被点燃、有焰燃烧和阴燃
防酸碱服	用于从事酸碱作业的人员穿用，具有防酸碱性能
防静电服	能及时消除本身静电积聚的危害，用于可能引发电击、火灾及爆炸的危险场所
防尘服	透气性织物或材料制成的，防止一般性粉尘对皮肤的伤害，能防止静电积聚
防寒服	具有保暖性能，用于冬季室外作业人员或常年低温作业环境人员的防寒
防水服	以防水橡胶涂覆织物为面料，防御水透过和漏入

2. 防护服选用原则

防护服应安全、适用、美观、大方，选用防护服时应符合以下原则：

① 有利于人体正常生理要求和健康；

② 款式应针对防护需要进行设计；

③ 适应作业时的肢体活动，便于穿脱；

④ 在作业中不易引起钩、挂、绞、碾；

⑤ 有利于防止粉尘、污物沾污身体；

⑥ 针对防护服功能需要选用与之相适应的面料；

⑦ 便于洗涤与修补；

⑧ 防护服颜色应与作业场所背景色有所区别，不得影响各色光信号的正确判断。当有安全标志时，标志颜色应醒目、牢固。

3. 穿着躯体防护服的注意事项

下面以防静电工作服和防酸工作服为例。

（1）防静电工作服

① 防静电工作服必须与GB 21148—2020《足部防护　安全鞋》规定的防静电鞋配套穿用。

② 禁止在防静电服上附加或佩戴任何金属物件。需随身携带的工具应具有防静电、防电火花功能。金属类工具应置于防静电工作服衣带内，禁止金属件外露。

③ 禁止在易燃易爆场所穿脱防静电工作服。

④ 在强电磁环境或附近有高压裸线的区域内，不能穿用防静电工作服。

（2）防酸工作服

① 防酸工作服只能在规定的酸性作业环境中作为辅助安全用品使用。在持续接触、浓度高、酸液以液体形态出现的重度酸污染工作场所，应从防护要求出发，穿用防护性好的不透气型防酸工作服，适当配以面罩、呼吸器等其他防护用品。

② 穿用前仔细检查是否有潮湿、透光、破损、开断线、开胶、霉变、皲裂、溶胀、脆变、涂覆层脱落等现象，发现异常停止使用。

③ 穿用时应避免接触锐器，防止机械损伤，破损后不能自行修补。

④ 使用防酸服首先要考虑人体所能承受的温度范围。

⑤ 在酸危害程度较高的场合，应配套穿用防酸工作服与防酸鞋（靴）、防酸手套、防酸帽、防酸眼镜（面罩）、空气呼吸器等劳动防护用品。

⑥ 作业中一旦防酸工作服发生渗漏，应立即脱去被污染的服装，用大量清水冲洗皮肤至少15min。此外，如眼部接触到酸液应立即提起眼睑，用大量清水或生理盐水彻底冲洗至少15min；如不慎吸入酸雾应迅速脱离现场至空气新鲜处，保持呼吸道通畅，呼吸困难者应予输氧；如不慎食入则应立即用水漱口，给饮牛奶或蛋清。重者立即送医院就医。

4. 化学防护服的穿戴步骤

化学防护服是消防员进入化学危险物品或腐蚀性物品火灾或事故现场，以及有毒、有害气体或事故现场，寻找火源或事故点，抢救遇难人员，进行灭火战斗和抢险救援时穿着的防护制服，也称防化服。

（1）穿法

① 将防化服展开（头罩对向自己，开口向上）；

② 撑开防化服的颈口、胸襟，两腿先后伸进裤内，穿好上衣，系好腰带；

③ 戴上防毒面具后，戴上防毒衣头罩，扎好胸襟、系好颈扣带；

④ 戴上手套放下外袖并系紧。

防化服的穿戴如图2-5所示。

M2-2　防化服的穿戴

（2）脱法

① 自下而上解开各系带；

② 脱下头罩，拉开胸襟至肩下，脱手套时，两手缩进袖口内并抓住内袖，两手背于身后脱下手套和上衣；

③ 再将两手插进裤腰往外翻，脱下裤子。

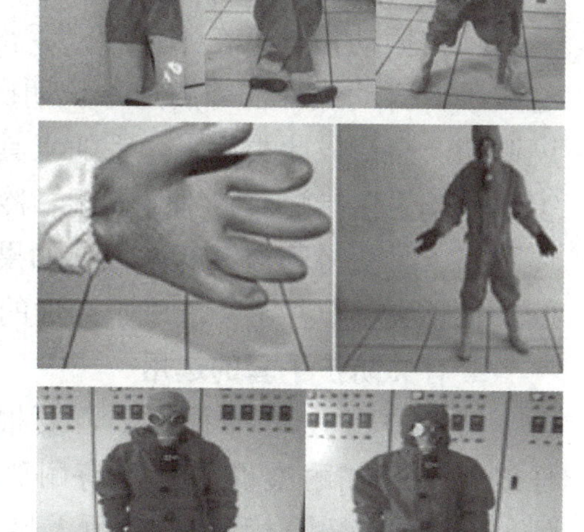

图2-5　防化服的穿戴

三、正确选择与使用手套

手的保护是职业安全非常重要的一环，正确地选择和使用手部防护用具十分必要。

手是人体最易受伤害的部位之一，在全部工伤事故中，手的伤害大约占1/4。一般情况下，手的伤害不会危及生命，但手功能的丧失会给人的生产、生活带来极大的不便，丧失劳动和生活的能力。然而，在生产中我们却常常忽视了对手的保护，如酸碱岗位操作时不戴防酸碱手套，操作高温易烫伤、低温易冻伤设备时，不穿戴隔温服或隔温手套，安装玻璃试验仪器或用手拿取有毒有害物料时不戴手套等。应在醒目位置设置如图2-6所示的安全警示标志。

图2-6　佩戴手套安全标识

1. 手部伤害

手是人体最为精密的器官之一。它由27块骨骼组成，肌肉、血管和神经的分布与组织都极其复杂，仅指尖上每平方厘米的毛细血管长度可达数米，神经末梢达到数千个。在工业伤害事故中，手部伤害类型大致可分以下四大类：

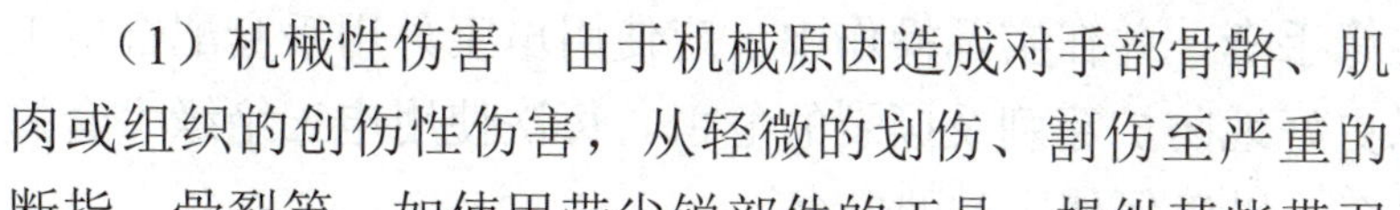

（1）机械性伤害　由于机械原因造成对手部骨骼、肌肉或组织的创伤性伤害，从轻微的划伤、割伤至严重的断指、骨裂等。如使用带尖锐部件的工具，操纵某些带刀、尖等的大型机械或仪器，会造成手的割伤；处理或使用锭子、钉子、起子、凿子、钢丝等会刺伤手；受到某些机械的撞击而引起撞击伤害；手被卷进机械中会扭伤、轧伤甚至轧掉手指等。

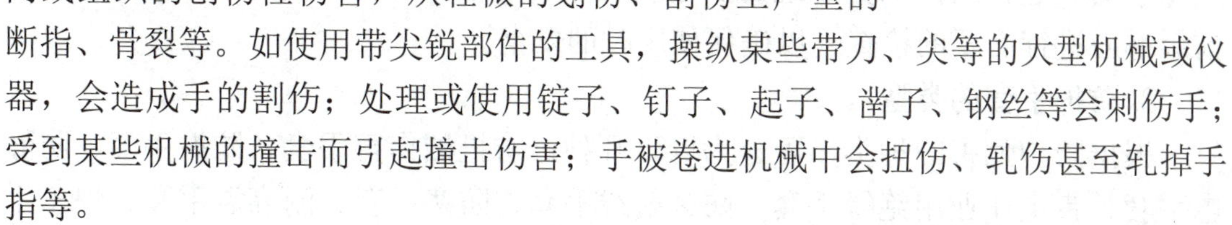

（2）化学、生物性伤害　当接触到有毒、有害的化学物质或生物物质，或是有刺激性的药剂，如酸、碱溶液，长期接触刺激性强的消毒剂、洗涤剂等，均会造成对手部皮肤的伤害。轻者造成皮肤干燥、起皮、刺痒，重者出现红肿、水疱、疱疹、结疤等。有毒物质渗入体内，或是有害生物物质引起的感染，还可能对人的健康乃至生命造成严重威胁。

（3）电击、辐射伤害　在工作中，手部受到电击伤害，或是电磁辐射、电离辐射等各种类型辐射的伤害，可能会造成严重的后果。此外，由于工作场所、工作条件的因素，手部还可能受到低温冻伤、高温烫伤、火焰烧伤等。

（4）振动伤害　在工作中，手部长期受到振动影响，就可能受到振动伤害，造成手臂抖动综合征等病症。长期操纵手持振动工具，如油锯、凿岩机、电锤、风镐等，会造成此类伤害。手随工具长时间振动，还会造成对血液循环系统的伤害，而发生白指症。特别是在湿、冷的环境下这种情况很容易发生。由于血液循环不好，手变得苍白、麻木等。如果伤害到感觉神经，手对温度的敏感度就会降低，触觉失灵，甚至会造成永久性的麻木。

2. 有关防护手套的选用

① 防护手套的品种很多，要根据防护功能来选用。应明确防护对象，再仔细选用。如耐酸碱手套，有耐强酸（碱）的、有耐低浓度酸（碱）的，而耐低浓度酸（碱）手套不能用于接触高浓度酸（碱）。切记勿误用，以免发生意外。

② 防水、耐酸碱手套使用前应仔细检查，观察表面是否有破损，采取简易办法是向手套内吹口气，用手捏紧套口，观察是否漏气。漏气则不能使用。

③ 绝缘手套应定期检验电绝缘性能，不符合规定的不能使用。

④ 橡胶、塑料等类防护手套用后应冲洗干净、晾干，保存时避免高温，并在制品上撒上滑石粉以防粘连。

⑤ 接触强氧化酸如硝酸、铬酸等，因强氧化作用会造成防护手套发脆、变色、早期损坏。高浓度的强氧化酸甚至会引起烧损，应该注意观察。

⑥ 乳胶工业手套只适用于弱酸，浓度不高的硫酸、盐酸和各种盐类，不得接触强氧化酸（硝酸等）。

在电力电信行业中，工作者会遇到各种带电操作的情况。根据实际的工作电压来选择相应的电工绝缘手套，并在实际操作中，应使用电工外用手套配合电工绝缘手套一起使用，以更好地防护穿刺及撕裂的危害。每次使用电工绝缘手套的前后都应进行必要的检查，以确保使用时的安全。

3. 防护手套的类型

根据防护危害的种类，可分为以下几种：防机械伤害手套、防振手套、防静电手套、带电作业用绝缘手套、防X射线手套、防寒手套、耐高温手套、焊工手套、防化学品手套、耐酸碱手套、耐油手套、防微生物手套、消防手套等。

4. 手套的佩戴与使用

本书主要以绝缘手套为例。绝缘手套其规格有5kV和12kV两种，5kV绝缘手套在250～1000V电压作业区进行操作时使用的辅助类安全用具，12kV绝缘手套是在1kV以上高压作业区进行操作时使用的辅助类安全用具。使用前，应根据所操作电压范围合理选择12kV或5kV的绝缘手套，并检查是否在有效期范围内。

（1）佩戴前检查

① 标签、合格证是否完善，并在试验合格的有效期内；

② 外观：长度应超过衣袖；表面清洁，无粘连、损伤；不得有裂缝、破洞、毛刺、划痕等缺陷；

③ 充气试验：将手套朝手指方向卷曲，观察有无漏气或裂口。

（2）绝缘手套使用注意和存储问题

① 佩戴时，应将外衣袖口放入手套伸长部分内；

② 使用绝缘手套不能手抓表面带有尖利带刺的物品，以免手套受损；

③ 使用后必须擦拭干净，不得直接接触地面、墙面，防止受潮、脏污；

④ 不准将绝缘手套与油类或腐蚀性物质混放；要与其他工器具分开放置，以免损伤绝缘手套；

⑤ 使用中受潮或清洗后潮湿的手套应充分晾干并涂抹滑石灰后予以保存；

⑥ 沾污的绝缘手套可采用肥皂和不超过60℃的清水洗涤；不得采用香蕉水、汽油等进行去污，否则将损害绝缘手套的绝缘性能；

⑦ 绝缘手套应成双、定置放置。

M2-3 脱掉污染化学物质手套的正确步骤

（3）脱掉污染化学物质手套的正确方法　当手套被化学物质污染时，脱除时应小心操作，避免化学物质对手部的伤害，具体脱除步骤如图2-7所示。

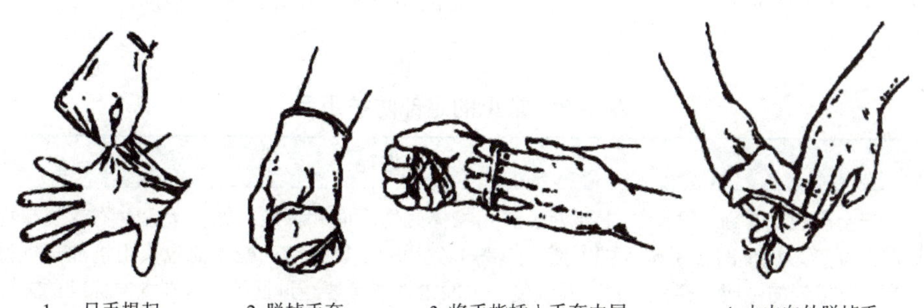

图2-7　脱除污染化学物质手套的正确步骤

（4）标准洗手方法　手套脱除后，一般要对手部进行清洗。正确的洗手步骤如图2-8所示。

四、正确选择和使用足部防护用品

在使用工具、操作机器、搬运物料等作业中，脚处于作业姿势的最低部

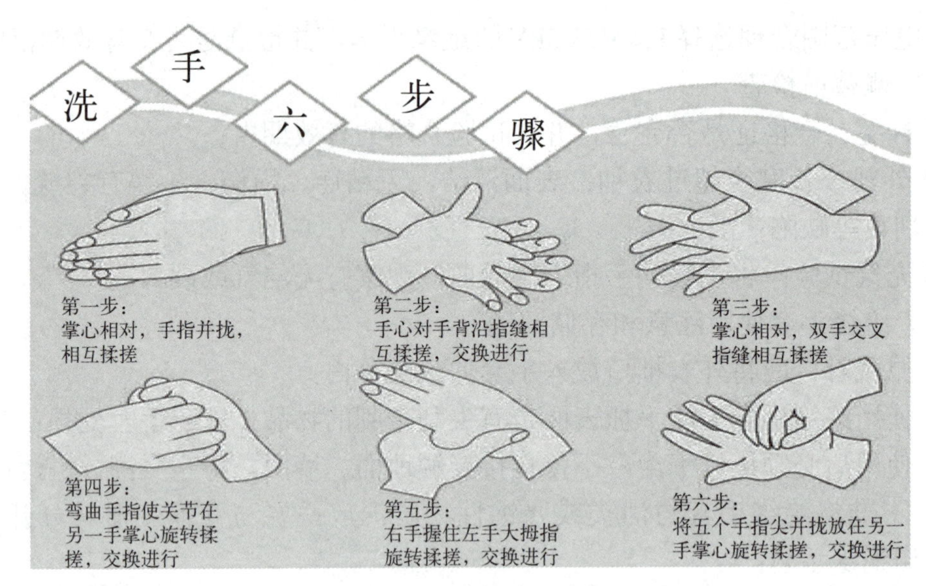

图2-8　正确的洗手步骤

图2-9　足部防护标志

位，随时会接触到笨重、坚硬、带棱角的物体，如果脚没有站稳，身体失去平衡，破坏了正常的作业姿势，就可能发生事故。因此必须根据作业条件穿用特制的防护鞋靴，防止可能发生的足部伤害，应在醒目位置标贴足部防护标志（图2-9）。

1. 足部防护用品的种类

常见的足部防护用品如表2-2所示。

表2-2　常见的足部防护用品

名称	防护鞋性能
安全鞋	安全鞋也称护趾防砸鞋，主要为了防止物体砸伤脚面和脚趾。如在搬运重物或装卸物料时滚动的圆桶、沉重的管子碰到脚上或不慎踢上尖锐的金属板等。鞋的前包头用抗冲击性好、强度高、质量轻的金属材料做内衬，其强度、抗冲击性能等要经过试验，达到规定标准的方可使用。注意要根据作业轻重选择不同强度的安全鞋
绝缘鞋	绝缘鞋的作用是把触电时的危险降低到最小程度。因为触电时电流是经接触点通过人体流入地面的，所以电气作业时不仅要戴绝缘手套，还要穿绝缘鞋。根据耐压范围有20kV、6kV和5kV几种绝缘鞋，使用时须根据作业范围选择。绝缘鞋应经常检查和维护，如受潮或磨损严重，就无法起到保护作用
防静电鞋和导电鞋	防静电鞋适用于防止人体带静电引起事故的场所，以及避免220V工频电容设备偶然引起对人体的电击。导电鞋用于对人体静电更敏感的可能发生火灾或爆炸的场所。这种鞋有的是在安全鞋和橡胶鞋上配有防静电或导电的鞋底，整个鞋不用金属，以减少摩擦起火的可能性。鞋从开始使用时就要进行电阻测试。随后还要定期测试，以确保鞋的最大电阻值不超过允许值

续表

名称	防护鞋性能
炼钢鞋及鞋盖	此类鞋也称铸工鞋，主要防止足部的烧、烫、刺、扎。这种鞋要耐压力，不易燃烧，鞋面有油浸牛皮面和帆布镶皮面，鞋底均为轮胎底衬牛皮革。为了防止熔融金属溅液的烫伤，都采用高腰易脱的样式。也可使用鞋盖将鞋口、裤腿盖住，鞋盖多由帆布、石棉、铝膜制成
橡胶靴	按其用途有防酸碱靴、防水靴、防油鞋等。防酸碱靴适于作业地面有酸碱及其他腐蚀液的场所，用耐酸碱橡胶制成，也有裤靴连在一起的防酸碱裤靴，防水靴用于地面积水或溅水的作业，基本材料是橡胶，有矿工防水靴、水产专用靴、插秧靴等。防油鞋用于地面有油污的作业，用橡胶或聚乙烯制成，有靴、鞋等多种
防寒鞋	适于严寒和低温环境作业时穿用，有棉鞋、皮毛靴和毡靴等，具有良好的保温性能

2. 防护鞋的选择和使用

① 防护鞋靴除了须根据作业条件选择适合的类型外，还应合脚，穿起来使人感到舒适，这一点很重要，要仔细挑选合适的鞋号。

② 防护鞋要有防滑的设计，不仅要保护人的脚免遭伤害，而且要防止操作人员滑倒。

③ 各种不同性能的防护鞋，要达到各自防护性能的技术指标，如脚趾不被砸伤，脚底不被刺伤，绝缘导电等要求，但安全鞋不是万能的。

④ 使用防护鞋前要认真检查或测试，在电气和酸碱作业中，破损和有裂纹的防护鞋都是有危险的。

防护鞋用后要妥善保管，橡胶鞋用后要用清水或消毒剂冲洗并晾干，以延长使用寿命。

【任务实施】

1. 教学准备/工具/仪器

① 多媒体教学（辅助视频）演示；

② 实物（各类防护服、安全帽、防护鞋、手套）。

2. 操作规范及要求

① 符合GB 39800.1—2020《个体防护装备配备规范　第1部分：总则》的要求；

② 熟悉躯体防护用品的组成与功能等相关知识；

③ 会选择合适的安全帽，正确佩戴安全帽；

④ 正确着装，熟悉安全帽、足部、手部等防护用品的组成与功能等相关知识；

⑤ 对不符合使用要求的说明其原因。

3. 情境模拟

如果你是一名纯碱车间管理人员，为积极响应公司关于进入车间佩戴安全帽等防护用品的通知，现决定在车间内部开展一项“正确选择与使用躯体、肢体与头部防护用品”的竞赛活动，车间人员可以自行分组，完成此项评比活动。

活动1：根据工作环境选择防护用品

根据纯碱车间工作环境需求，请各小组自行选择防护用品。

组名：______________ 成员：______________________

序号	防护部位	用品名称
1	头部防护用品	
2	手部防护用品	
3	躯干防护用品	
4	足部防护用品	

活动2：根据所选的防护用品完成对应的任务

根据各组选定的防护用品，完成以下任务：

1. 安全帽

安全帽佩戴前的检查

查__________、验__________、看__________、读__________

四个永久性标 ① 制造厂名称、商标、型号 ② 制造年、月 ③ 产品合格证和检验合格证 ④ 生产许可证编号	三个证书 ① 生产许可证书 ② 产品合格证书 ③ 安全鉴定证书
两个标识 ①永久性标识 ②安全防护盾牌标识	一书 安全帽使用说明书

2. 工装服

工装服的类型	
工装服的正确穿戴及保养	工装服穿戴要诀：
	防护服的注意事项：
	防护服的保养与维护：

3. 防护手套

防护手套分类	
防护手套注意事项	

4. 安全鞋

安全鞋作用	
安全鞋使用注意事项	

【任务评价】

评价内容	评价标准	个人自评（占20%）	小组评价（占30%）	教师评价（占50%）
课堂考勤及表现	1. 能按时上课，无迟到、旷课现象（5分），否则扣除相应分数； 2. 上课表现状态良好，积极思考、回答问题（10分）			
活动1	1. 内容正确（25分）； 2. 字体工整、无错别字（10分）； 3. 思路清晰、表述有条理（10分）			
活动2	1. 严禁抄袭，如有雷同，扣除相应分数（10分）； 2. 表达有条理、内容丰富、用词得当（30分）			
总评				

【巩固练习】

① 什么是个人防护用品？

② 在企业中为什么必须要佩戴个人防护用品？安全帽的使用过程中的注意事项有哪些？

③ 防化服的穿戴步骤是什么？

④ 如何脱除被污染的化学防护手套？

⑤ 防护鞋的种类有哪些？

⑥ 用思维导图总结躯体、肢体与头部防护用品选择与使用的相关知识。

拓展阅读：劳动防护用品选择的程序

用人单位应按照识别、评价、选择的程序（图2-10），结合劳动者作业方式和工作条件，并考虑其个人特点及劳动强度，选择防护功能和效果适用的劳动防护用品。

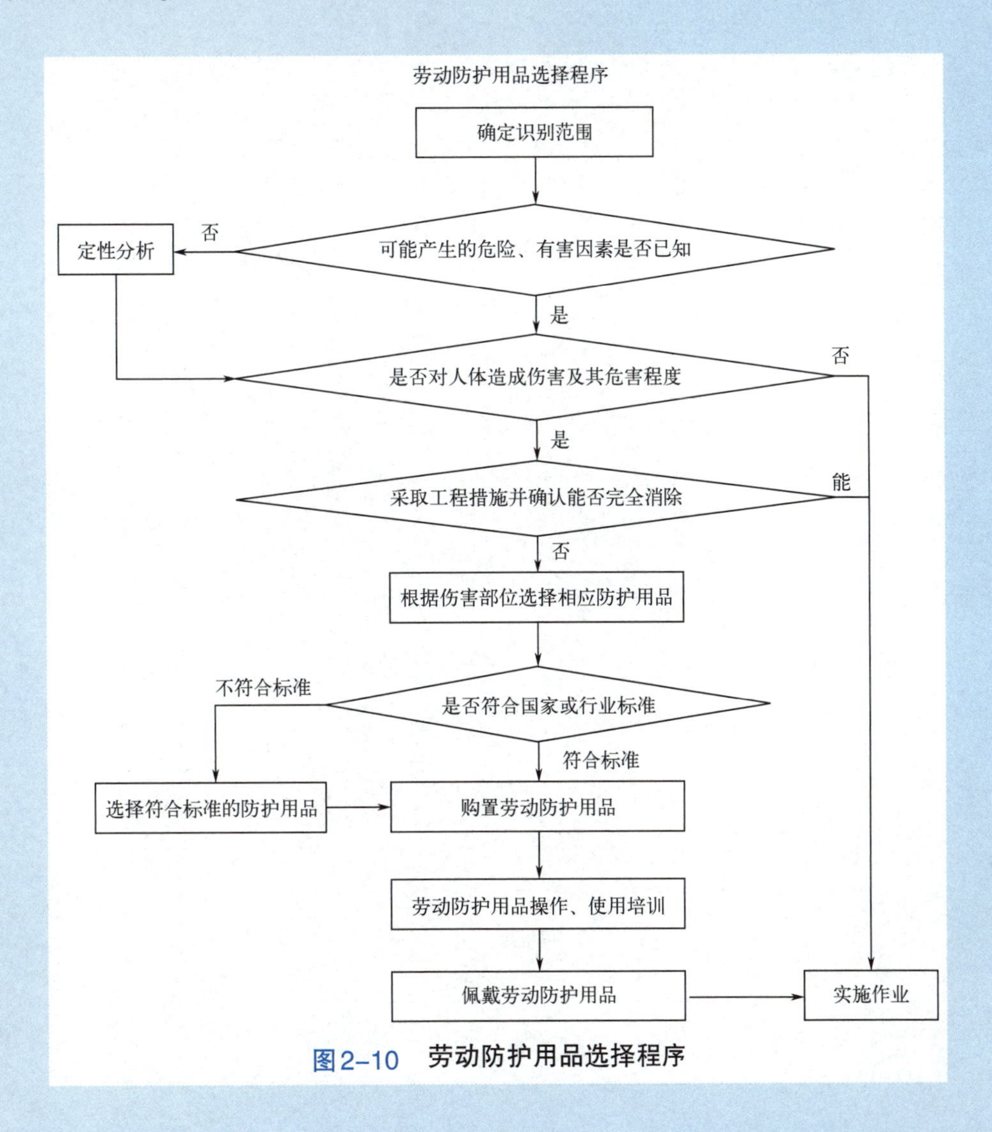

图2-10　劳动防护用品选择程序

任务二
听觉、呼吸器官防护用品的选择与使用

【任务引入】

不穿戴劳动保护用品，造成安全生产责任事故案例分析。

【案例】2021年1月14日16时20分左右，位于某地区的顺达公司在1#水解保护剂罐进行保护剂扒出作业时，发生一起窒息事故，造成4人死亡，3人受伤，直接经济损失约1010万元。事故调查报告显示前期参与救援的9人中，除2人佩戴长管呼吸器外，其他7名救援人员均未佩戴任何防护用品。当时平台人孔处正不断溢出氮气，救援人员没有注意到该风险，造成5名现场救援人员因吸入高浓度氮气后窒息晕倒，其中2人送医后经抢救无效死亡。除此之外，救援现场也管理混乱，1名进入罐体的救援人员，在施救过程中，长管呼吸器软管被挤压，致使其因长时间缺氧窒息晕倒，经抢救无效死亡。

【任务分析】

一、事故原因

① 作业人员违章作业。该作业是在高浓度氮气环境下的受限空间作业，作业人员使用正压式呼吸器面罩，经过改造后呼吸面罩软管接入仪表空气代替正压式呼吸器，接入方法不规范，软管直接插入硬管，未设专人监护。违反了《危险化学品企业特殊作业安全规范》（GB 30871—2022）第6.5条和该公司《受限空间安全管理规定》的要求；作业过程中，软管与硬管接口脱落，空气来源消失，致使施救人员作业过程中缺氧窒息晕倒。

② 现场救援不力。现场救援能力不足，从人员晕倒到将其从罐体内救出，用时将近20分钟，导致人员因长时间缺氧窒息，经抢救无效死亡；救援现场组织混乱，进入罐体救援的人员，施救过程中，长管呼吸器软管被挤压，致使其因长时间缺氧窒息晕倒，经抢救无效死亡。

二、根本原因

盲目施救导致事故扩大。前期参与救援的9人中，除2人佩戴长管呼吸器外，其他7名救援人员均未佩戴任何防护用品。事故伤亡人员主要在4层平台，当时水解保护剂罐处于氮气正压保护状态，从4层平台人孔处不断溢出氮气，救援人员没有注意到该风险，5名现场救援人员因吸入高浓度氮气，导致缺氧窒息晕倒，其中2人经在医院抢救无效死亡，3人受伤。

三、防范措施

① 切实加强应急管理，健全完善应急协调联动机制和快速反应机制，要进一步完善应急预案并加强演练，提高应急演练的针对性和员工覆盖面，保证气体等危险区域作业人员均能正确使用应急防护器材和装备。

② 建立健全并严格落实各项安全生产规章制度和操作规程，在涉及气体作业、进入有限空间作业时，要严格执行有限空间安全作业相关规定，确保作业安全。

③ 加强安全教育培训，特别要加强特种作业人员的安全教育培训，所有涉及气体作业人员必须持证上岗，确保作业人员具备本岗位相应的安全知识和安全操作技能。

【任务目标】

① 掌握呼吸器官防护用品分类及适用范围；

② 掌握眼面部防护用品的分类；

③ 掌握口罩及防护眼镜的重要性。

【知识储备】

一、正确选择和使用呼吸器官防护用品

口罩是一种卫生用品，一般指戴在口鼻部位用于过滤进入口鼻的空气，以达到阻挡有害的气体、气味、飞沫进出佩戴者口鼻的用具，由纱布或纸等制成。口罩对进入肺部的空气有一定的过滤作用，在呼吸道传染病流行时，在粉尘等污染的环境中作业时，戴口罩具有非常好的作用。

二、口罩的分类及相关标准

根据适用标准不同，口罩可分为医用口罩、自吸过滤式防颗粒物呼吸器、普通脱脂纱布口罩三类。

1. 医用口罩

医用口罩分为医用防护口罩、医用外科口罩、普通医用口罩（一次性使用医用口罩）。

（1）医用防护口罩　符合国家强制性标准《医用防护口罩技术要求》（GB 19083—2010）相关要求。适用于医疗环境工作下，过滤空气中的颗粒物，阻挡飞沫、血液、体液、分泌物等的自吸过滤式医用防护口罩。医用防护口罩按照

GB 19083—2010采用“Ⅰ级”“Ⅱ级”和“Ⅲ级”的说法来表示过滤效率等级（见表2-3）。GB 19083—2010还提出了“合成血液穿透”的要求及“表面抗湿性”的参数要求，明确了医用防护口罩对血液、体液等液体的防护效果。一般Ⅰ级就可以达到N95/KN95的过滤效率。

表2-3　医用防护口罩的分级

等级	过滤效率/%
Ⅰ级	≥95
Ⅱ级	≥99
Ⅲ级	≥99.97

另外，大家比较关注的N95口罩，是符合美国国家职业安全研究所（NIOSH）的NIOSH42 CFR84-1995标准要求，包括N95、N99、N100以及R系列、P系列等。达到医用标准的N95口罩可以作为医疗机构防护用。3M公司生产的符合N95标准的口罩（图2-11）有10余种，但其中只有1860（儿童版为1860S）和9132两种型号是医用防护口罩，另外2042F及2042FP型号可作为医用外科口罩。

（2）医用外科口罩　符合医药行业标准《医用外科口罩》（YY 0469—2011）相关要求，适用于临床医务人员在有创操作等过程中所佩戴的一次性口罩（图2-12）。用于覆盖住使用者的口、鼻及下颚，为防止病原体微生物、体液、颗粒物等直接透过提供物理阻隔。该类口罩一般对非油性颗粒的过滤效率应达到30%以上，对细菌的过滤效率要达到95%以上。此外，按对合成血液穿透性的要求，一般会将口罩分为三层：内部吸水层、中间过滤层、外面防水层，每一层都有特别的作用。

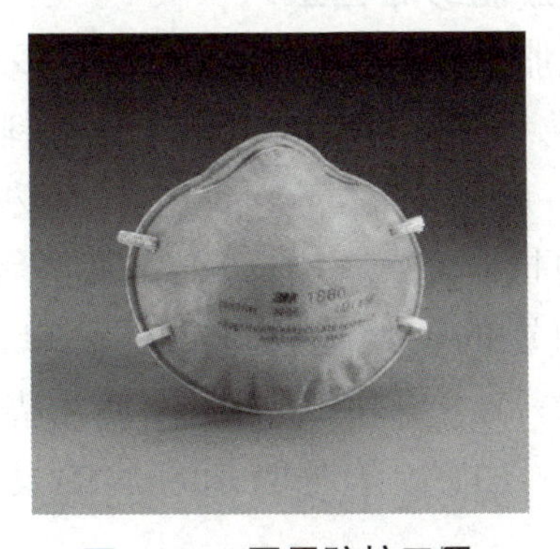

图2-11　医用防护口罩

图2-12　医用外科口罩

（3）普通医用口罩　符合相关注册产品标准（YZB）或医药行业推荐性标准YY/T 0969—2013《一次性使用医用口罩》相关要求，适用于覆盖使用者的口、

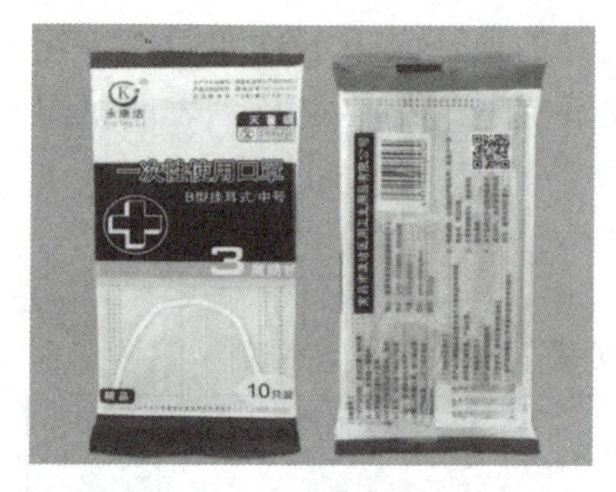

图2-13　普通医用口罩

鼻及下颚，用于普通医疗环境中佩戴，阻隔口腔和鼻腔呼出或喷出污染物的一次性口罩（图2-13），一般无法保证对病原微生物、粉尘的过滤性，在医院中一般用于常规护理，用于阻隔医护人员与患者之间的日常交叉感染。

2. 自吸过滤式防颗粒物呼吸器

（1）KN口罩、KP口罩　符合国家强制性标准《呼吸防护　自吸过滤式防颗粒物呼吸器》（GB 2626—2019）相关要求，适用于防护各类颗粒物的自吸过滤式防护用品，不适用于防护有害气体和蒸汽，不适用于缺氧环境、水下作业、逃生和消防用呼吸防护用品。其中KP口罩主要用于化工行业，不适用于民用。KN口罩（图2-14）根据其对非油性颗粒物的过滤性能，分为KN90、KN95、KN100。其中KN95口罩对非油性颗粒物的过滤性能达到95%以上，但是KN口罩、KP口罩由于没有防渗透的要求，不能作为医疗机构防护用。

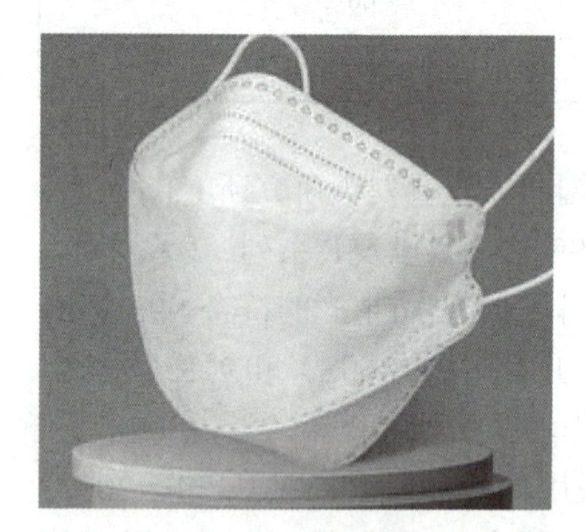

图2-14　KN口罩

（2）韩国KF94口罩　该类口罩是按韩国标准生产制定的，该标准下的口罩对于直径0.4μm的颗粒物过滤率大于94%，因此KF94口罩同KN95类似，KF94口罩并不是针对医用标准，不能作为医疗机构防护用。

3. 普通脱脂纱布口罩

图2-15　普通脱脂纱布口罩

普通脱脂纱布口罩（图2-15）是采用优质的棉纱，经织造、脱脂、漂白等材料精心缝制而成的。可针对空气中的$PM_{2.5}$等灰尘，还可以有效地抵制空气中的病毒、细菌等。普通脱脂纱布口罩的使用方法非常的简单，无毒、无害，对皮肤没有过敏等现象，而且便于携带，价格很便宜。使用普通脱脂纱布口罩，能有效地抵制传染疾病的散播，还能预防呼吸道疾病的发生。

三、呼吸器官防护用具

1. 呼吸器官防护用品分类

呼吸器官防护用品的分类如图2-16所示。

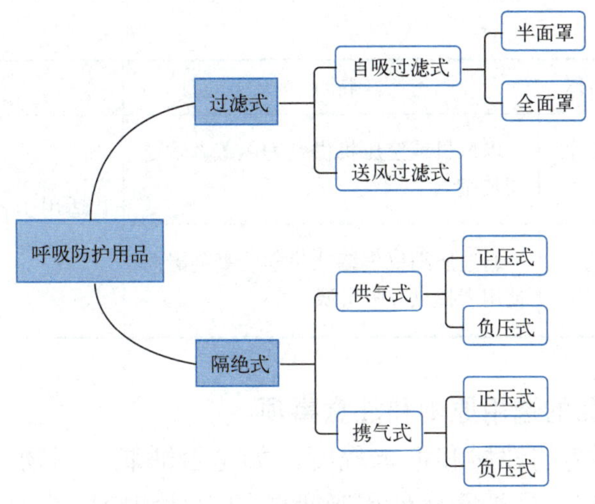

图2-16 呼吸器官防护用品分类

2. 呼吸器官防护用品使用范围

呼吸器官防护用品的分类、名称、特点及适用范围见表2-4。

表2-4 呼吸器官防护用品的分类、名称、特点及适用范围

防护分类	防护装备名称	特点	适用范围
过滤式呼吸防护装备	自吸过滤式防颗粒物呼吸器	靠佩戴者呼吸克服部件气流阻力，防御颗粒物的伤害	适用于存在颗粒物空气污染物的环境，不适用于防护有害气体或蒸气。KN适用于非油性颗粒物，KP适用于油性和非油性颗粒物
	自吸过滤式防毒面具	靠佩戴者呼吸克服部件阻力，防御有毒、有害气体或蒸气、颗粒物等对呼吸系统或眼面部的伤害	适合有毒气体或蒸气的防护，适用浓度范围根据有害环境（氧气浓度未知、缺氧、空气污染物和浓度未知、不缺氧且空气污染物浓度已知四种情况）
	送风过滤式防护装备	靠动力（如电动风机或手动风机）克服部件阻力，防御有毒、有害气体或蒸气、颗粒物等对呼吸系统或眼面部的伤害	适用浓度范围按GB 30864—2014
隔绝式呼吸防护装备	正压式空气呼吸防护装备	使用者任一呼吸循环过程中面罩内压力均大于环境压力	适用于各类颗粒物和有毒有害气体环境
	负压式空气呼吸防护装备	使用者任一呼吸循环过程面罩内压力，在吸气阶段均小于环境压力	
	自吸式长管呼吸器	靠佩戴者自主呼吸得到新鲜、清洁空气	

续表

防护分类	防护装备名称	特点	适用范围
隔绝式呼吸防护装备	送风式长管呼吸器	以风机或空压机供气为佩戴者输送清洁空气	适用于各类颗粒物和有毒有害气体环境
	氧气呼吸器	通过压缩氧气罐或化学生氧剂罐向使用者提供呼吸气源	

3. 呼吸防护用品的选用原则和注意事项

① 根据有害环境的性质和危害程度，如是否缺氧、毒物存在形式（如蒸气、气体和溶胶）等，判定是否需要使用呼吸防护用品和应用选型。

② 当缺氧（氧含量<18%）、毒物种类未知、毒物浓度未知或过高（含量>1%）或毒物不能用过滤式呼吸防护用品，只能考虑使用隔绝式呼吸防护用品。

③ 在可以使用过滤式呼吸防护用品的情况下，当有害环境中污染物仅为非挥发性颗粒物质，且对眼睛、皮肤无刺激时，可考虑使用防尘口罩；如果颗粒物质为油性颗粒物质，则有害环境中污染物为蒸气和气体，同时含有颗粒物质（包括气溶胶）时，可选择防毒口罩或过滤式防毒面具；如果污染物浓度较高，则应选择过滤式防毒面具。

④ 选配呼吸防护用品时大小要合适，使用中佩戴要正确，以使其与使用者脸形相匹配和贴合，确保气密性，保障防护的安全性，达到理想的防护效果。

⑤ 佩戴口罩时，口罩要罩住鼻子、口和下巴，并注意将鼻梁上的部分（金属条）固定好，以防止空气未经过滤而直接从鼻梁两侧漏入口罩内。另外一次性口罩一般仅可以连续使用几个小时到一天，当口罩潮湿、损坏或沾染上污物时需要及时更换。

⑥ 选用过滤式防毒面具和防毒口罩时要特别注意，配备某种滤盒的防毒面具口罩通常只针对某种或某类蒸气。例如气体滤盒、防汞蒸气滤盒及防氨气滤盒等，分别用不同的颜色进行标示，要根据工作或作业环境中有害蒸气或气体的种类进行选配。

⑦ 佩戴呼吸防护用品后应进行相应的气密性检查，确定气密性良好后再进入含有毒害物质的工作、作业场所，以确保安全。

⑧ 在选用动力送风面具、氧气呼吸器、空气呼吸器、生氧呼吸器等结构较为复杂的面具时，为保证安全使用，佩戴前需要进行一定的专业训练。

⑨ 选择和使用呼吸防护用品时，一定要严格遵照相应的产品说明书。

4. 常见的呼吸器官防护用具

常见的呼吸器官防护用具如图2-17所示。

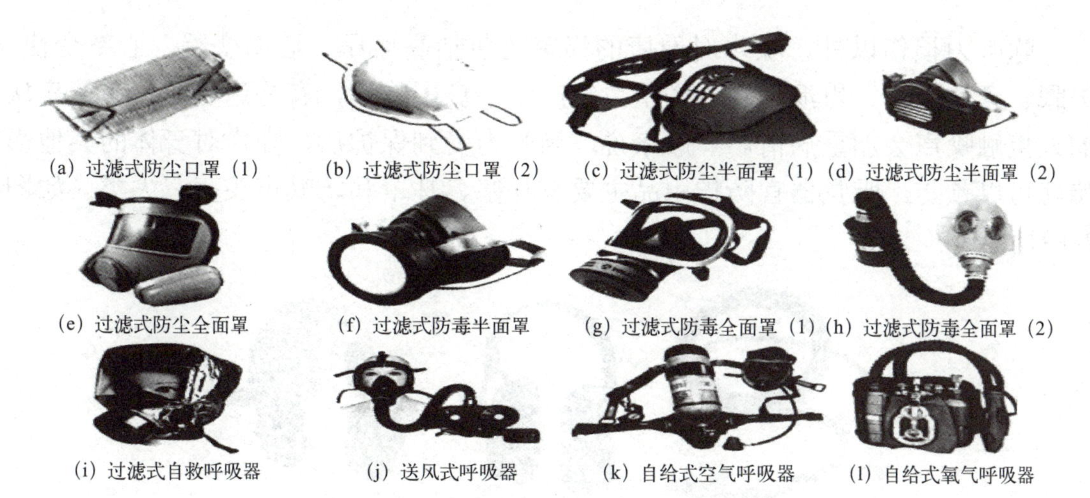

图2-17 常见的呼吸器官防护用具

四、正确选择和使用听觉器官防护用品

噪声是对人体有害的、不需要的声音。噪声的来源如图2-18所示。

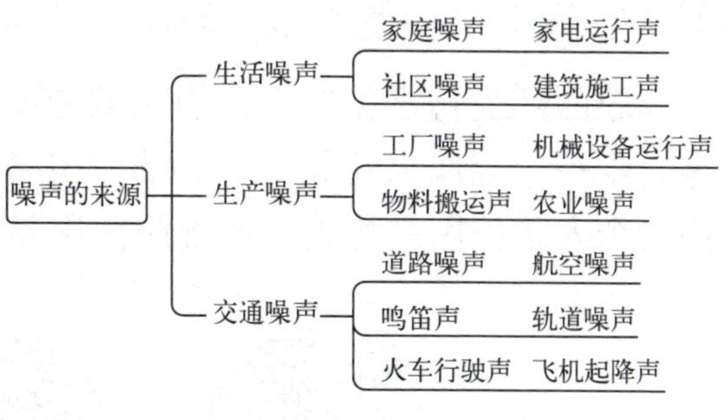

图2-18 噪声的来源

我国职业卫生标准对工作场所噪声专业接触限值规定如下：每周工作5天，每天工作8h，稳态噪声限值为85dB（A），非稳态噪声等效声级的限值为85dB（A）；每周工作5天，每天工作非8h，需计算8h等效声级，限值为85dB（A）；每周工作不足5天，需计算40h等效声级，限值为85dB（A），见表2-5。脉冲噪声工作场所，噪声声压级峰值和脉冲次数不应超过表2-6的规定。

表2-5 工作场所脉冲噪声职业接触限值

接触时间	接触限值 /dB（A）	备注
5d/w，=8h/d	85	非稳态噪声计算 8h 等效声级
5d/w，=8h/d	85	计算 8h 等效声级
≠ 5h/d	85	计算 40h 等效声级

表2-6 工作场所脉冲噪声职业接触限值

工作日接触脉冲次数 n/ 次	声压级峰值
$n \leqslant 100$	140
$100 < n \leqslant 1000$	130
$1000 < n \leqslant 10000$	120

除听力损伤以外，噪声对健康的损害还包括高血压、心率变缓、心率变快、失眠、食欲减退、胃溃疡和对生殖系统产生不良影响等，有些患心血管系统疾病的人接触噪声会加重病情。一般来说，当听力受到保护后，噪声对身体的其他影响就可以预防。听觉器官防护用品主要有耳塞、耳罩和防噪声头盔三大类（如图2-19所示）。

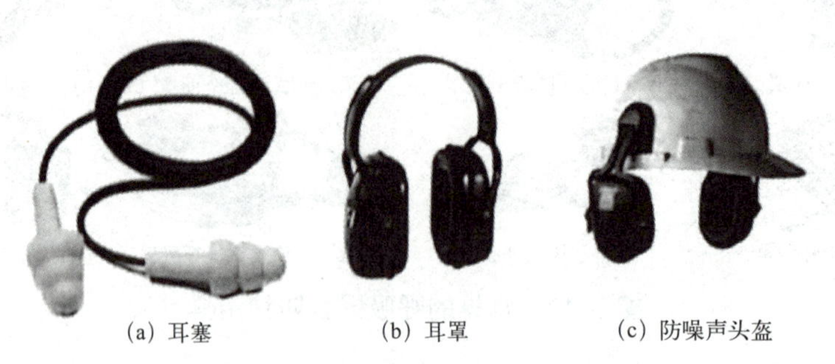

(a) 耳塞 (b) 耳罩 (c) 防噪声头盔

图2-19 部分听觉器官防护用品

五、正确选择和使用眼面部防护用品

眼面部受伤常见的有碎屑飞溅造成的外伤、化学物灼伤、电弧眼等。预防烟雾、尘粒、金属火花和飞屑、热、电磁辐射、激光、化学品飞溅等伤害眼睛或面部的个人防护用品称为眼面部防护用品。常见的眼面部防护用品如图2-20所示。

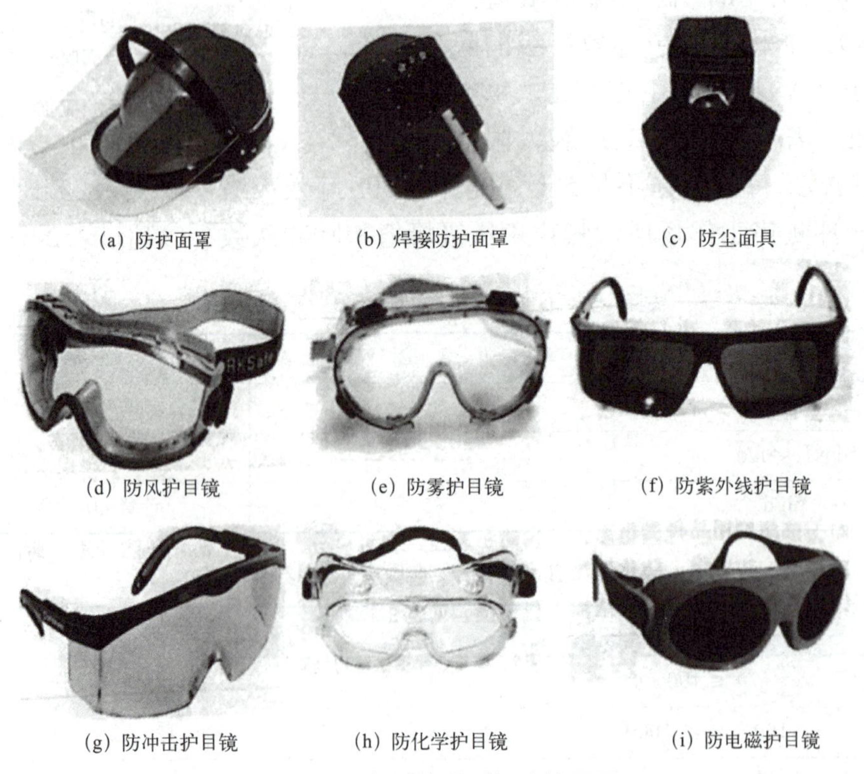

(a) 防护面罩 (b) 焊接防护面罩 (c) 防尘面具

(d) 防风护目镜 (e) 防雾护目镜 (f) 防紫外线护目镜

(g) 防冲击护目镜 (h) 防化学护目镜 (i) 防电磁护目镜

图2-20 常见的眼面部防护用品

眼面部防护用品种类很多，根据防护功能，大致可分为防尘、防水、防冲击、防高温、防电磁辐射、防射线、防化学飞溅、防风沙、防强光九类。眼面部防护用品按外形结构进行分类，见表2-7；面罩按结构分类，见表2-8。

表2-7 眼镜、眼罩按外形分类

名称	眼镜		眼罩	
样型	普通型	带侧光板型	开放型	封闭型

表2-8 面罩按结构分类

名称	手持式	头戴式		安全帽与面罩连接式		头盔式
样型	全面罩	全面罩	半面罩	全面罩	半面罩	

【任务实施】

一、教学准备/工具/仪器

① 多媒体教学（辅助视频）演示。

② 实物（耳罩、耳塞、口罩）。

二、操作规范及要求

① 符合GB 2626—2019《呼吸防护　自吸过滤式防颗粒物呼吸器》的要求；

② 正确着装、熟悉呼吸器官防护用品的组成与功能等相关知识；

③ 练习使用呼吸器官防护用品；

④ 正确着装、熟悉听觉器官防护用品的组成与功能等相关知识；

⑤ 练习使用口罩、耳塞；

⑥ 对不符合使用要求的说明其原因。

三、练习佩戴口罩和使用耳塞

1. 佩戴口罩

① 洗手后，面向口罩无鼻夹的一面，两手各拉住一边耳带，使鼻夹位于口

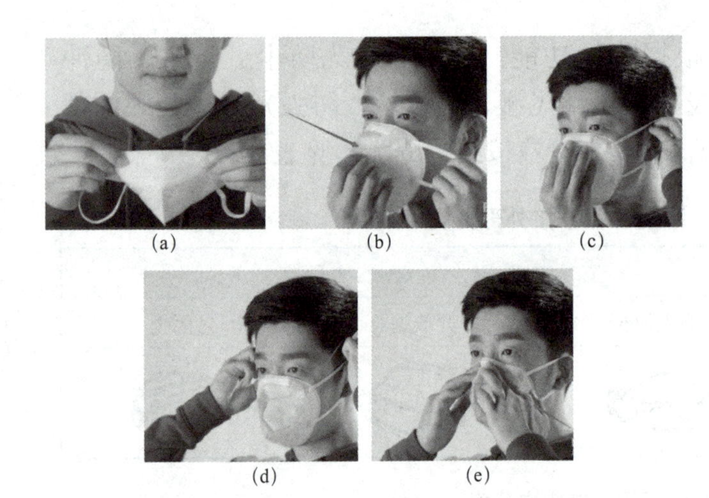

图2-21 口罩佩戴示意

罩上方；

② 戴上口罩，将口罩尽可能地紧贴脸部；

③ 双手将耳带置于耳后；

④ 调节至舒适位置，使口罩更加贴合脸部；

⑤ 将双手的食指及中指按压调节鼻夹，直至紧贴鼻梁。

口罩佩戴示意如图2-21所示。

2. 练习使用耳塞

① 把手洗干净，用一只手绕过头后，将耳廓往后上拉（将外耳道拉直），然后用另一只手将耳塞推进去，尽可能地使耳塞体和耳道相贴合。但不要用劲过猛过急或插得太深，自我感觉合适为止。

② 发泡棉式的耳塞应先搓压至细长条状，慢慢塞入外耳道待它膨胀封住耳道。

③ 佩戴硅橡胶成型的耳塞，应分清左右塞，不能弄错；插入外耳道时，要稍微转动放正位置，使之紧贴耳道内。

④ 耳塞分多次使用式及一次性两种，前者应定期或按需要清洁，保持卫生，后者只能使用一次。

⑤ 戴后感到隔音不良时，请将耳塞缓缓转动，调整到效果最佳位置为止。如果经反复使用效果仍然不佳时，应考虑改用其他型号、规格的耳塞。

⑥ 多次使用的耳塞会慢慢硬化失去弹性，影响减声功效，因此，应作定期检查并更换。

⑦ 无论耳塞与耳罩，均应在进入有噪声工作场所前戴好，工作中不得随意摘下，以免伤害鼓膜。休息时或离开工作场所后，到安静处才摘掉耳塞或耳罩，让听觉逐渐恢复。

活动： 现场展示、使用劳动防护用品

请以小组为单位，通过练习佩戴口罩及耳塞，各组成员进行现场展示，并将演示过程拍成视频记录下来，看看哪一组成员做得更好。

【任务评价】

评价内容	评价标准	个人自评（占 20%）	小组评价（占 30%）	教师评价（占 50%）
课堂考勤及表现	1. 能按时上课，无迟到、旷课现象（10分），否则扣除相应分数； 2. 上课表现状态良好，积极思考、回答问题（10 分）			
练习佩戴口罩	1. 按照顺序规范操作（20 分）； 2. 动作标准，佩戴得体（20 分）			
练习佩戴耳塞	1. 按照顺序规范操作（20 分）； 2. 动作标准，佩戴得体（20 分）			
总评				

【巩固练习】

① 新型冠状病毒感染时期，为何大家都要佩戴口罩？

② 为什么要在有毒作业场所佩戴呼吸器官防护用具？

③ 常见的呼吸器官防护用具有哪些？

④ 什么是噪声？

⑤ 常见的听觉器官防护用具有哪些？

拓展阅读：职业性噪声聋

职业性噪声聋是指劳动者在工作过程中，由于长期接触噪声而发生的一种渐进性的感音神经性听觉损失。主要表现为听力下降，严重时会导致不同程度的听觉障碍、沟通困难等问题，多见于船舶业、制造业、纺织、矿山开采、电子等行业的劳动者。

职业性噪声聋是我国的法定职业病。我国现有数千万劳动者暴露于噪声作业的环境中，约16%的成年人听力损失是由工作中过度暴露于高噪声环境所引起的，即职业性听力损失，近些年职业性噪声聋的发病率逐年提高，已成为很多地区在岗劳动者最主要的新发职业病。因此，我们要通过以下措施做好预防。

对于工作场所：

一是要积极控制噪声源，消除和减少噪声危害，阻断噪声的传播。可以通过隔声、吸声、消声、隔振和减振等手段进行控制，或合理配置工作岗位，尽量远离噪声源。

二是要合理安排劳动者的作息制度，控制在噪声环境下暴露的时间。

三是要加强劳动者个体防护。认真、正确佩戴耳塞、耳罩等个人防护用品。每次佩戴时要检查佩戴效果。

四是要做好职业健康检查。定期按要求做好职业健康检查，认真对待检查中出现的问题，检查前提供真实准确的岗位、工种、工龄等信息。

对于生活场所：

一是日常生活中听耳机声音不宜过大、时间不宜过长。最好每次不超过30分钟，声音不超过60dB（A）。

二是掌握正确擤鼻涕的方法，切记擤鼻涕时不能将鼻孔完全堵住，以免鼻涕倒流引发耳部疾病。

三是提高生活中的安全意识，避免头部受到不经意间的碰撞，更不可掌击耳部，避免听觉系统受损。

四是远离烟酒和耳毒性药物，遵医嘱使用链霉素、庆大霉素、卡那霉素等。

任务三　安全带的选择与使用

【任务引入】

不佩戴安全带，不安全行为造成的事故案例分析。

【案例1】2月11日14时30分，在东风水电站河槽公路0＋430.8m ～0＋441.06m桩号之间，高程在864m，第四工程处房建队立模班职工陈某某正在安装模板。陈某某站在混凝土仓外部，一手拿钉锤，一手用扒钉撬两块钢模板的U形扣孔，在用力过程中扒钉从U形孔中脱出，人体重心后仰，从864m高程坠落至852m高程，坠落高度12m，头部严重受伤，头骨破裂，失血过多死亡。

【任务分析】

一、事故原因

① 直接原因：陈某某安全意识差，高处作业未系安全带，违反了高处作业安全操作规程。

② 间接原因：施工现场安全管理存在缺陷，安监机构力量薄弱，安管人员配备不足，处于失控状况。

③ 主要原因：在立模施工过程中违章作业，未系安全带。

二、防范措施

① 教育职工严格执行安全操作规程和安全规章制度，努力提高职工安全意识和自我保护能力。

② 加强工程处安全机构力量，按要求设专职安监人员。队内应设专职安全员，加强施工现场安全管理，消除违章行为。

【任务目标】

① 掌握防止高处坠落伤害的三种方法；

② 掌握安全带的防护作用、分类及使用范围；

③ 掌握高空坠落防护系统组件。

【知识储备】

一、防止高处坠落伤害的三种方法

（1）工作区域限制　通过使用个人防护系统来限制作业人员的活动，防止其进入可能发生坠落的区域。

（2）工作定位　通过使用个人防护系统来实现工作定位，并承受作业人员的重量，使作业人员可以腾出双手来进行工作。

（3）坠落制动　通过使用连接到牢固的挂点上的个人坠落防护产品来防止从高于2m的高空坠落。

防止坠落伤害的三种方法如图2-22所示。

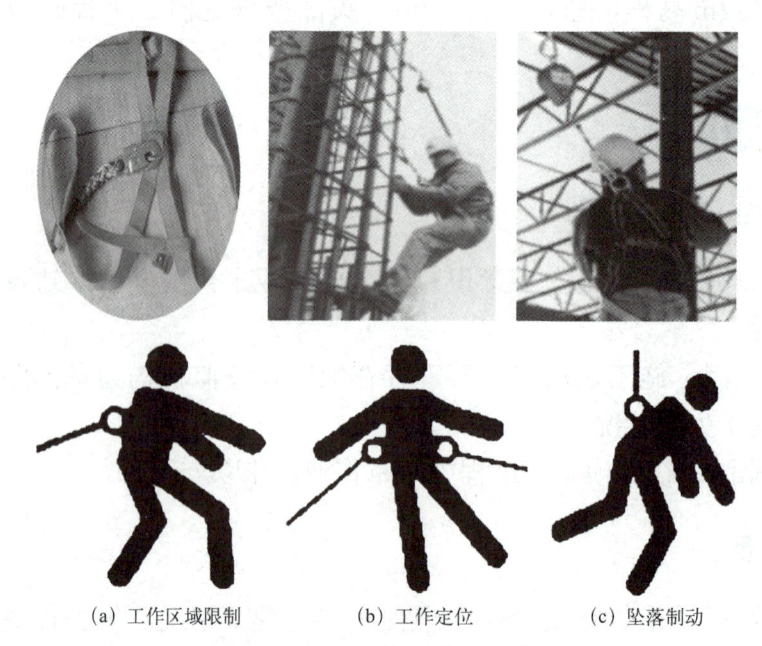

(a) 工作区域限制　(b) 工作定位　(c) 坠落制动

图2-22　防止坠落伤害的三种方法

二、安全带的防护作用

当坠落事故发生时，安全带首先能够防止作业人员坠落，利用安全带、安全绳、金属配件的联合作用将作业人员拉住，使之不坠落掉下。由于人体自身的质量和坠落高度会产生冲击力，人体质量越大、坠落距离越大，作用在人体上的冲击力就越大。安全带的重要功能是：通过安全绳、安全带、缓冲器等装置的作用吸收冲击力，将超过人体承受极限部分的冲击力通过安全带、安全绳的拉伸变形，以及缓冲器内部构件的变形、摩擦、破坏等形式吸收，使最终作用在人体上的冲击力在安全界限以下，从而起到保护作业人员不坠落、减小冲击伤害的作用。

三、安全带分类及使用范围

1. 根据使用条件分类

根据使用条件的不同，安全带可分为围杆作业安全带、区域限制安全带、坠落悬挂式安全带三类，如图2-23～图2-25所示。

（1）围杆作业安全带　通过围绕在固定构造物上的绳或带将人体绑定在固定构造物附近，使作业人员的双手可以进行其他操作的安全带。作业类别标记为W。

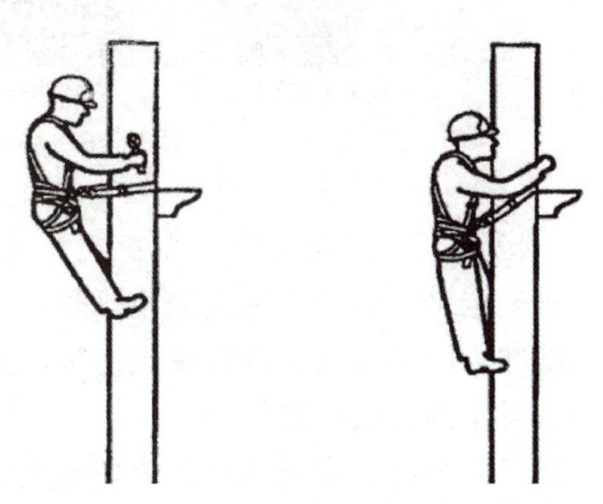

图2-23　围杆作业安全带示意图

（2）区域限制安全带　用以限制作业人员的活动范围，避免其到达可能发生坠落区域的安全带。作业类别标记为Q。

（3）坠落悬挂式安全带　高处作业或登高人员发生坠落时，将作业人员安全悬挂的安全带。作业类别标记为Z。

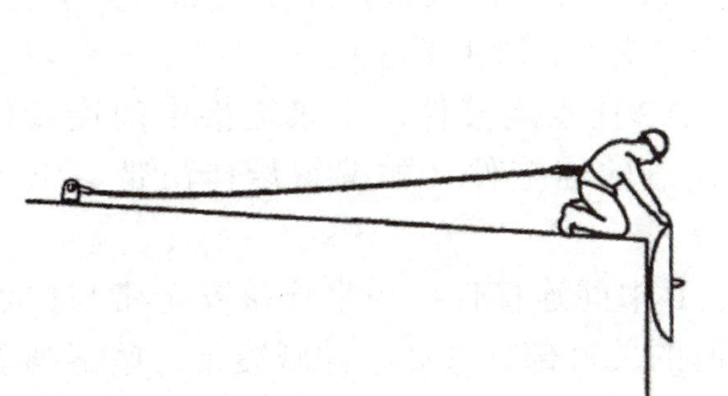

图2-24　区域限制安全带示意图

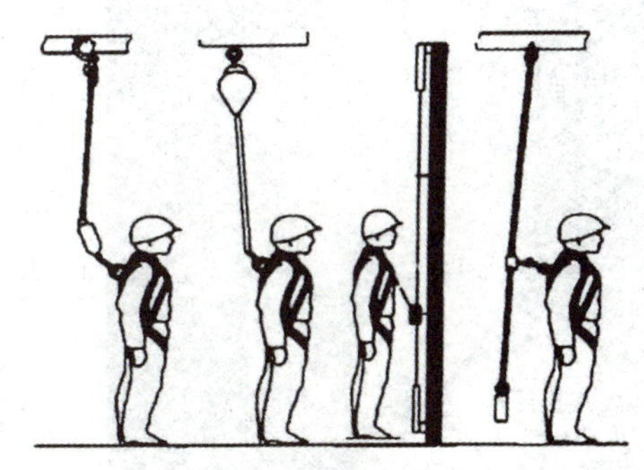

图2-25　坠落悬挂式安全带示意图

2. 根据形式分类

根据形式的不同，安全带可分为腰带式安全带、半身式安全带、全身式安全带3类，如图2-26所示。

（1）腰带式安全带　只有在没有高处坠落风险的区域进行使用，如进行区域限制。

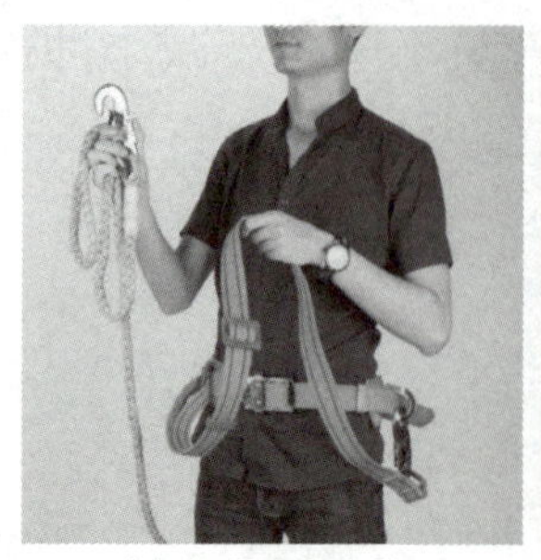
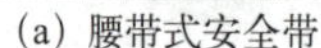

(a) 腰带式安全带

(b) 半身式安全带

(c) 全身式安全带

图2-26　根据形式分类的安全带

（2）半身式安全带　半身式安全带也称为三点式安全带，只紧固上半身的一种安全带，但当发生高处坠落时，冲击力全部集中在人体的上半身，不能有效地缓冲，而导致人体内脏受到伤害，致使人体腰部受伤。不建议作为高处坠落使用，可作为区域限制使用。

（3）全身式安全带　此类型安全带也被称之为五点式安全带，比半身式安全带多了两个腿部的套索，可有效地将冲击力分散至全身，减少上半身的负担。可以作为围杆、区域限制、高处坠落使用。

四、高空坠落防护系统组件

高空坠落防护系统（图2-27）包括3部分：挂点及挂点连接件、中间连接件、全身式安全带。

图2-27　高空坠落防护系统

A1挂点：一般是指安全挂点（如支柱、杆塔、支架、脚手架等）。

A2挂点连接件：用来连接中间连接件和挂点的连接件（如编织悬挂吊带、钢丝套等）。

B中间连接件：用来连接安全带与挂点之间的关键部件（如缓冲减震带、坠落制动器、抓绳器、双叉型编织缓冲减震系带等）。其作用是防止作业人员出现自由坠落的情况，应该根据所进行的工作以及工作环境来进行选择。

C全身式安全带：作业人员所穿戴的个人防护用具。其作用是在发生坠落时，可以分解作用力拉住作业人员，减轻对作业人员的伤害，人不会从安全带中滑脱。

单独使用这些部分不能对坠落提供防护，只有将它们组合起来，形成一整套个人高空坠落防护系统，才能起到高空坠落的防护作用。

1. 挂点及挂点连接件

① 挂点。使用牢固的结构作为挂点，它可承受高空作业人员坠落时重力加速度的作用产生的冲击力，挂点及挂点连接破断负荷应≥12kN。当工作现场没有牢固的构件可以作为挂点时，则需要安装符合同样强度要求的挂点装置。

挂点应位于足够高的地方，因为挂点位置将直接影响到坠落后的下坠距离，挂点位置越低，人下坠距离就越大，坠落冲击力也会增大，同时撞到下层结构的可能性也会大大增加。安全规程要求，坠落防护系统不得“低挂高用”就是为了达到这一目的。如图2-28所示。

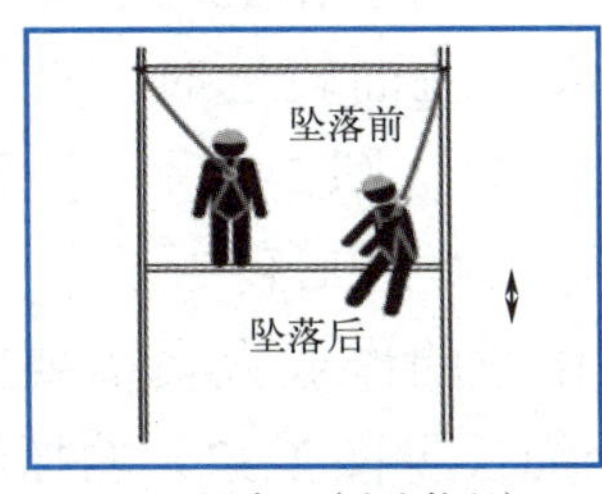

因素0（头上拉紧）

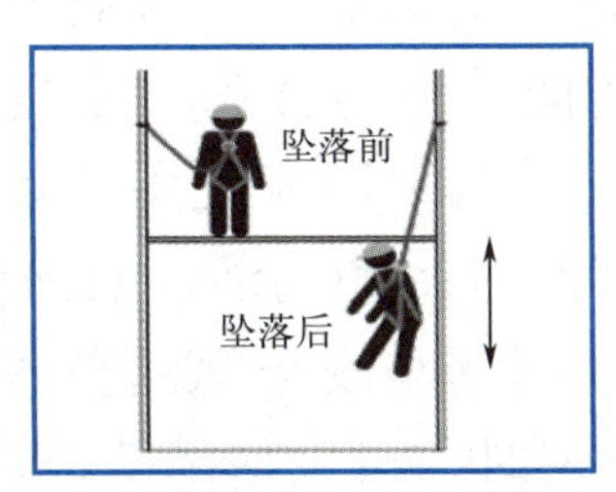

因素1（在肩水平或其上）

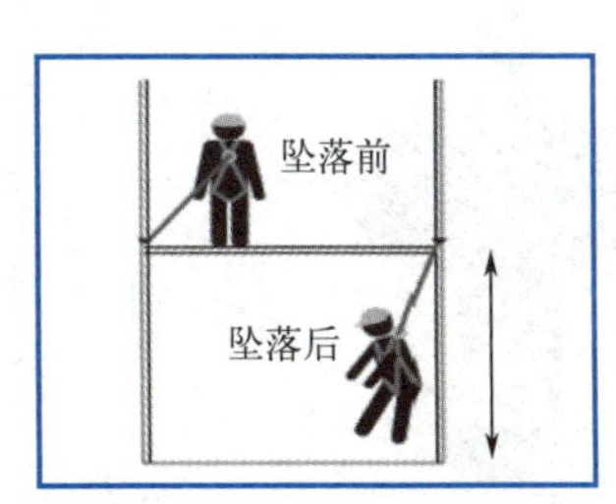

因素2（脚下）

图2-28 挂点的选择

如果挂点不在垂直于工作场所的上方位置，发生坠落时作业人员在空中会出现摆动现象，并可能撞到其他物体上或撞到地面而受伤。在工作前安装坠落防护系统时，要注意避免“钟摆效应”，如图2-29所示。

② 挂点连接件。用来连接中间连接件和挂点的连接件（如编织悬挂吊带、钢丝套等）。

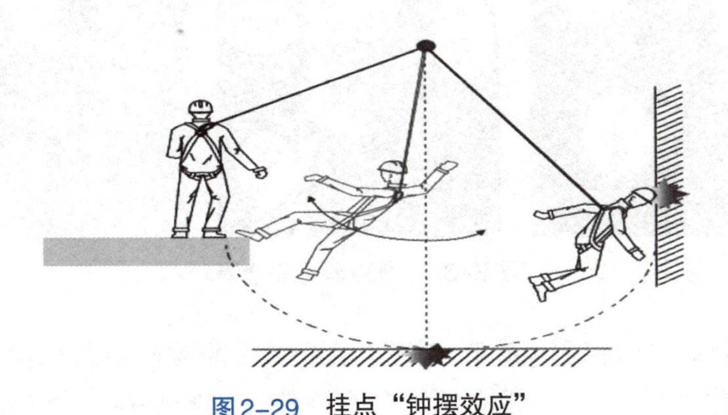

图2-29 挂点“钟摆效应”

2. 中间连接件

① 编织悬挂吊带和安全钩。如图2-30所示。

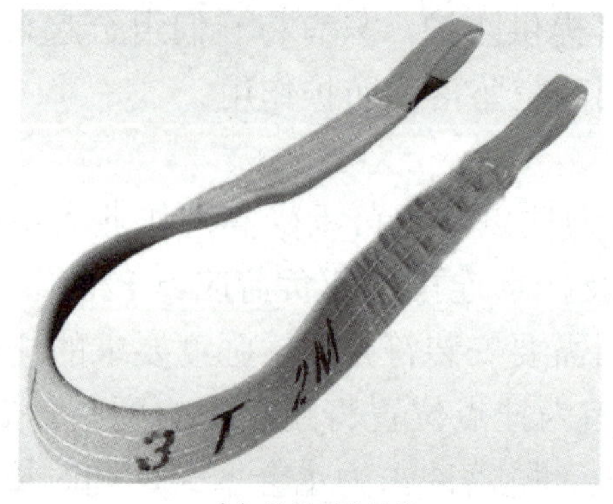

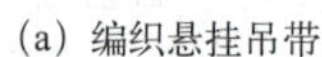
(a) 编织悬挂吊带

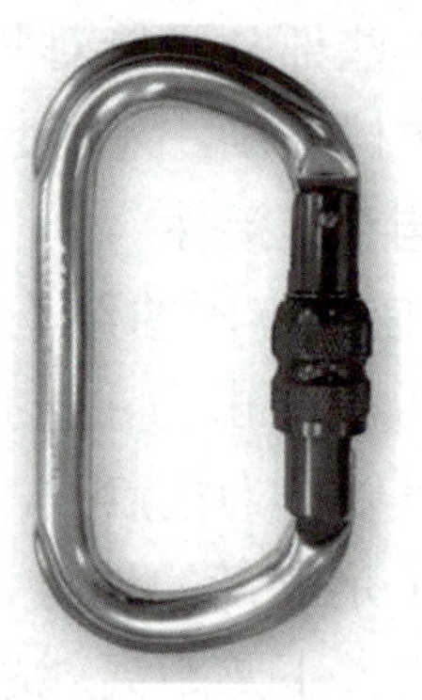
(b) 安全钩

图2-30　编织悬挂吊带和安全钩

图2-31　坠落制动器

② 坠落制动器。当作业人员进行高空作业时，希望能够在工作面上自由移动，或挂点离作业面较远时，或不能使用缓冲系绳时，应使用坠落制动器（图2-31）。坠落制动器具有瞬时制动功能，破断负荷应≥12kN。

③ 抓绳器与安全绳。当高空作业的作业人员需要上下装置、构架时，可以使用基于安全绳（见图2-32）的抓绳器来防高空坠落。使用的安全绳装设好后，必须进行试拉检查，安全绳下部必须进行固定。抓绳器安装到安全绳上后，作业人员应进行使用前的试拉检查。

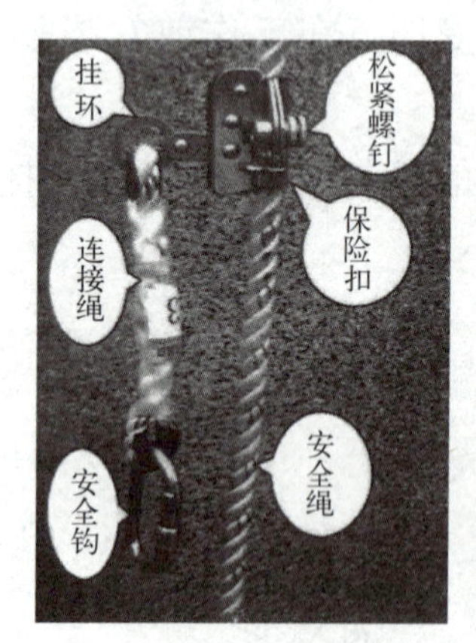

图2-32　抓绳器与安全绳

④ 双叉型编织缓冲减震系带。双叉型编织缓冲减震系带由两条编织带组成（图2-33），俗称“双抓”。并带有缓冲包和抓钩，破断负荷应≥15kN。两抓钩的交替使用，可以保证高空作业工作人员在上下过程或者水平移动过程中，始终有一条编织带连接在挂点上，从而始终不会失去保护。

⑤ 工作定位绳。工作定位绳用来实现作业人员的工作定位，并承受作业人员

的重量，使作业人员可以腾出双手来进行工作。总长度一般选用2～2.5m，如图2-34所示。

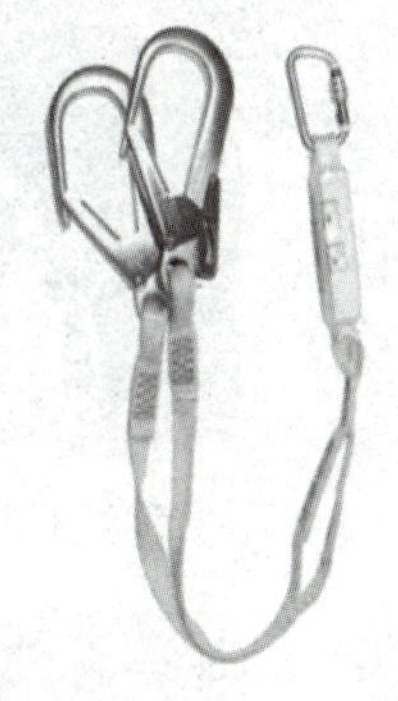

图2-33　双叉型编织缓冲减震系带

图2-34　工作定位绳

3. 全身式安全带

作业人员所穿戴的个人防护用具。其作用是在发生坠落时，可以分解作用力拉住作业人员，减轻对作业人员的伤害，人不会从安全带中滑脱。防范高空坠落的安全带必须是全身式安全带，如图2-35所示。

安全带和绳必须用锦纶、维纶、蚕丝料制备。电工围杆可用黄牛带革。金属配件用普通碳素钢或铝合金钢。包裹绳子的套用皮革、轻革、维纶或橡胶制。腰带长1300～1600mm，宽40～50mm；护腰长600～700mm，宽80mm；安全绳总长（2000～3000）mm±40mm；背带长1260mm±40mm。全身式安全带的具体使用步骤如图2-36所示。

图2-35　全身式安全带

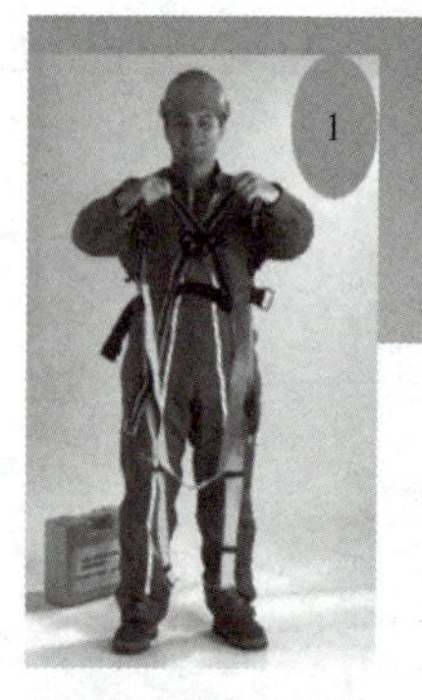

从肩带处提起安全带

将安全带穿在肩部

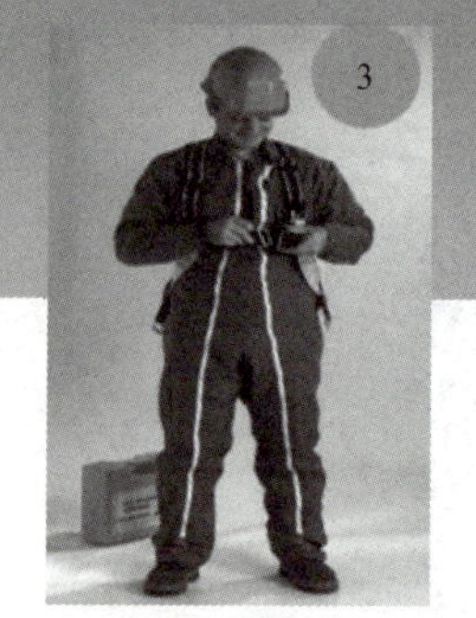

将胸部纽扣扣好

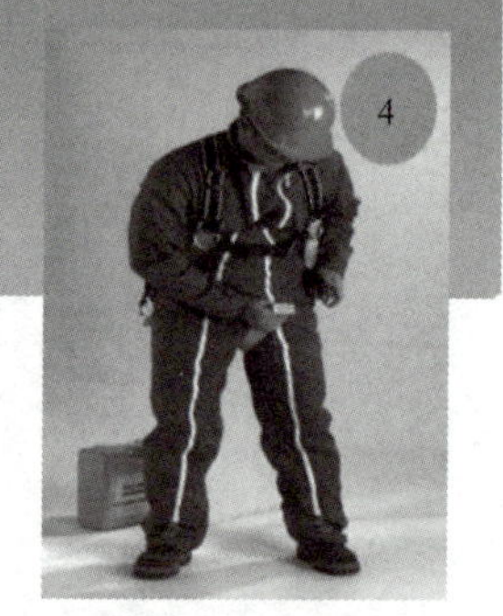

系好左腿带或扣索

系好右腿带或扣索

调节腿带直到合适

调节肩带直到合适

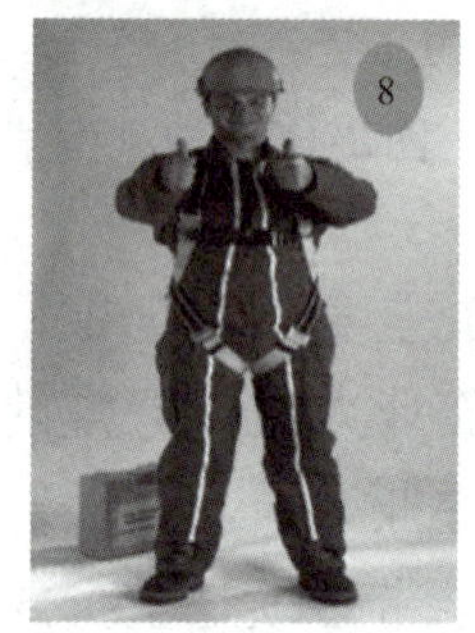

穿戴完毕，可以开始工作

图2-36　全身式安全带的穿戴步骤

【任务实施】

M2-4　全身式安全带的穿戴步骤

一、教学准备/工具/仪器

① 多媒体教学（辅助视频）演示。

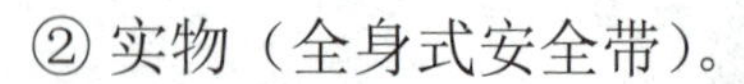

② 实物（全身式安全带）。

二、操作规范及要求

① 符合GB/T 23468—2009《坠落防护装备安全使用规范》；

② 正确着装、熟悉坠落防护用品的组成与功能等相关知识；

③ 练习使用全身式安全带；

④ 对不符合使用要求的说明其原因。

活动：练习佩戴全身式安全带

握住安全带的前部D形环。抖动安全带，使所有的编织带回到原位。如果胸前、腿带和腰带被扣住时，则松开编织带并解开带扣。

【任务评价】

评价内容	评价标准	个人自评（占20%）	小组评价（占30%）	教师评价（占50%）
课堂考勤及表现	1. 能按时上课，无迟到、旷课现象（10分），否则扣除相应分数； 2. 上课表现状态良好，积极思考、回答问题（20分）			
活动	1. 按照顺序规范操作（35分）； 2. 动作标准，佩戴得体（35分）			
总评				

【巩固练习】

① 从事高空作业应佩戴什么防护用品？

____

____

② 防止高空坠落伤害的三种方法？

____

____

③ 安全带具有哪些防护作用？

____

____

拓展阅读：这些安全带使用误区你知道吗？

误区一：后排乘客不需要系安全带

《中华人民共和国道路交通安全法》规定，机动车行驶时，驾驶人、乘坐人员应当按规定使用安全带。所以，后排乘客同样需要系安全带。在严重车祸中，后排乘客受伤和死亡的概率并不比前排乘客低。

误区二：有安全气囊不用系安全带

在发生车祸时，单纯依靠安全气囊是十分危险的，因为气囊的爆发力非常大，如果没有安全带的牵引缓冲，直接撞到正在爆发的气囊上，对身体会造成严重损伤。

误区三：车速慢、行程短没必要系安全带

事故的发生与车辆行驶速度和距离之间没有必然联系，交通事故的发生就在一瞬间，即使自己速度慢，也可能被其他高速行驶的车辆碰撞。所以车速慢、行程短也应系好安全带。

误区四：儿童可以直接使用成人安全带

汽车安全带是专门为成人设计的，不适合儿童体型。儿童使用成人安全带，如果绑得太紧，在发生碰撞时可能会造成致命的腰部挤伤或脖子、脸颊的压伤；如果绑得太松，发生碰撞时，儿童仍有可能飞出去。儿童乘车应使用专用的儿童座椅，才能更好地保护他们的安全。

误区五：乘坐客车时不用全程系安全带

不系安全带是造成大客车发生交通事故群死群伤的重要原因之一。不少乘客，尤其是乘坐长途客车的，怕麻烦、嫌不舒服不系安全带的比比皆是，或者上车之初会系安全带，行车途中会解开。一旦大客车发生碰撞等事故，客车内乘客没有安全带的束缚保护，往往会被抛离座椅，甚至甩出窗外，造成严重的伤亡后果。

为了您的生命安全和家庭幸福，让我们自觉养成系上安全带的习惯驾乘车辆出行，一定要全程、全员、规范系好安全带。

项目三

防火防爆安全防护技术

任务一　防火防爆基础知识

【任务引入】

【案例】山东某公司位于敬仲镇工业区，职工人数100人，主要产品为甲醛、乙醛、季戊四醇，副产品为甲酸钠、甲酸钙。2007年7月23日，公司生产经理齐某联系无资质施工队负责人许某为本公司一新建的季戊四醇母液沉降罐进行除锈防腐。双方签订安全合同后，7月25日下午许某带领操作工陈某亮、陈某军开始除锈作业。7月27日早上，许某安排陈某亮、陈某军轮流进罐作业，二人在未启用罐底部空气压缩机的情况下进行防腐作业。8时55分左右，该罐突然发生爆炸，造成2人受伤，后经抢救无效死亡。

【任务分析】

一、事故原因

山东博丰大地工贸有限公司在防腐施工前及防腐作业过程中，未按规定对罐内前期涂刷的防腐涂料挥发的可燃气体进行检测分析，且施工人员违规使用非防爆照明灯具、抽风机等电器，致使罐内达到爆炸极限的可燃气体遇电火花发生爆炸。

二、根本原因

① 进入受限空间作业前，没有按照规定对受限空间的可燃气体进行检测分析。

② 施工人员在爆炸性作业任务中，未使用防爆电气设备和照明灯具。

③ 职工缺乏安全教育培训，安全意识薄弱。

三、防范措施

① 进入受限空间作业前，应按规定对受限空间的可燃气体进行检测分析。

② 施工人员在爆炸性作业场所必须使用防爆电气设备和照明灯具。

③ 加强职工安全教育培训，增强安全意识，提高安全技能。

近几年来，我国化工行业所发生的各类事故中，由于火灾、爆炸导致的人员死亡占各类事故之首，由此导致的直接经济损失也较重。因此学习燃烧爆炸的基础知识，正确进行危险性评价，及时采取防范措施，对搞好安全生产，防止事故发生具有重要意义。

【任务目标】

① 能说出燃烧的定义、燃烧的条件、燃烧的类型；

② 能说出爆炸及其分类；

③ 能说出火灾的定义、类型；

④ 能说出火灾扑救的方法；

⑤ 能列举出灭火的四种方法；

⑥ 会正确拨打“119”火警电话。

【知识储备】

一、燃烧及其特性

1. 什么是燃烧

燃烧是一种放热、发光的化学反应，其反应过程极其复杂，游离基的链式反应是燃烧反应的实质，光和热是燃烧过程中发生的物理现象。其特征是发光、发热、生成新物质。最普通的燃烧现象是可燃物在空气或氧气中燃烧。

2. 燃烧的条件

燃烧必须具备以下三个条件：

可燃性物质（可燃物）、助燃性物质（助燃物）、点火源。

可燃物、助燃物和点火源是导致燃烧的三要素（图3-1），缺一不可，是必要条件。上述“三要素”同时存在，燃烧能否实现，还要看是否满足数值上的要求。在燃烧过程中，当“三要素”的数值发生改变时，也会使燃烧速度改变甚至停止燃烧。

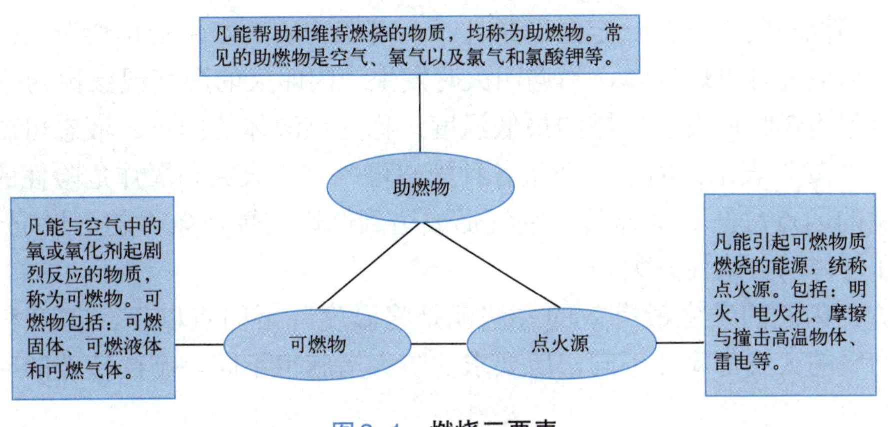

图3–1　燃烧三要素

3. 燃烧的过程

燃烧都有一个过程，这种过程随着可燃物的状态不同而不同。气体最易燃烧，只要达到本身氧化分解所需要的能量，便能迅速燃烧。气体在极短的时间内就能全部燃尽。

液体在火源作用下，先蒸发成蒸气，而后氧化分解进行燃烧。与气体燃烧相比，液体燃烧多消耗液体变为蒸气的蒸发热。固体燃烧有两种情况：如果是硫、磷等单体物质，受热时首先熔化，然后蒸发，再燃烧；如果是化合物或复杂物质，受热时先分解生成气态和液态产物，然后气态产物和液态产物蒸发再燃烧。各种物质的燃烧过程如图3-2所示。从图中可知任何可燃物的燃烧都必须经过氧化分解、着火和燃烧等阶段。

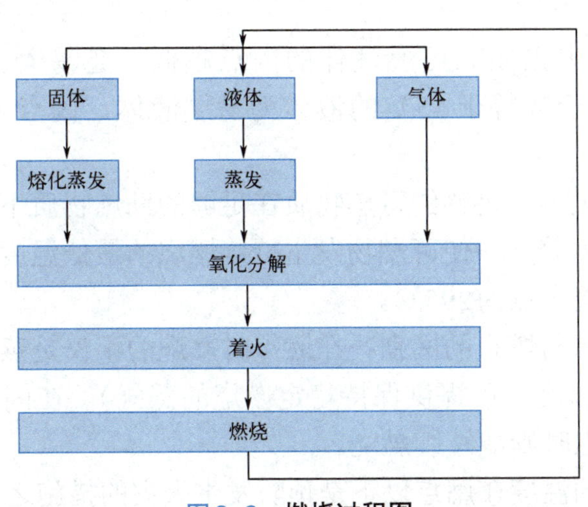

图3–2　燃烧过程图

4. 燃烧类型

根据燃烧的起因不同，燃烧可分为闪燃、着火和自燃三类。

（1）闪燃与闪点　在一定温度条件下，可燃物质所产生的可燃蒸气或气体与空气混合形成混合可燃气体，当遇明火时发生一闪即灭的燃烧现象称为闪燃。

能引起可燃物质发生闪燃的最低温度，称为该液体的闪点。液态可燃物质的闪点，以“℃”表示。闪点是衡量各种液态可燃物质火灾和爆炸危险性的重要依据。物质的闪点愈低，愈容易与空气形成达到燃烧或爆炸条件的可燃混合气体，其火灾和爆炸的危险性愈大。

要防止闪燃的发生最有效的办法就是将温度降至闪点以下。生产和储存液态可燃物质的火灾危险性不同，所要求的防火措施也不同。不同液体的闪点如表3-1所示。

表3-1　不同液体的闪点

液体名称	闪点/℃	液体名称	闪点/℃
汽油	−58～10	石脑油	25
石油醚	−50	煤油	30～70
原油	−35	柴油	45～120
苯	−11	重油	80～130
甲苯	4	润滑油	120～140
甲醇	9	乙二醇	100
乙醇	13		

闪燃往往是着火先兆，可燃液体的闪点越低，越易着火，火灾危险性越大。一般称闪点小于或等于45℃的液体为易燃液体，闪点大于45℃的液体为可燃液体。

（2）着火与着火点　足够的可燃物质在足够的助燃物质下，遇明火而引起持续燃烧的现象，称为着火。使可燃物发生持续燃烧的最低温度，称为着火点，又叫燃点，如木材的着火点为295℃。

可燃液体的闪点与燃点的区别：在燃点时燃烧的不仅是蒸气，而是液体（即液体已达到燃烧的温度，可提供保持稳定燃烧的蒸气）。在闪点时移去火源后闪燃即熄灭，而在燃点时则能继续燃烧。

控制可燃物质的温度在燃点以下是预防发生火灾的措施之一。

（3）自燃与自燃点

① 自燃：可燃物质受热升温而不需明火作用就能自行燃烧的现象。

② 自燃点：可燃物发生自燃的最低温度称为自燃点（例如雨后的稻草堆容

易发生自燃）。

物质的燃点、自燃点和闪点的关系：易燃液体的燃点比闪点高1～5℃，而闪点愈低，二者的差距愈小。苯、二硫化碳、丙酮等的闪点都低于0℃。在开口的容器中做实验时，很难区别出它们的闪点与燃点。可燃液体中闪点在100℃以上者，燃点与闪点的差距可达30℃或更高。

由于易燃液体的燃点与闪点很接近，所以在估计这类液体的火灾危险性时，只考虑闪点就可以了。一般来说，液体燃料的密度越小，闪点越低，自燃点越高；液体燃料的密度越大，闪点越高，自燃点越低。几种液体燃料的闪点与自燃点见表3-2。

表3-2　几种液体燃料的闪点和自燃点比较

物质	闪点 /℃	自燃点 /℃
汽油	<28	510 ～ 530
煤油	28 ～ 45	380 ～ 425
轻柴油	45 ～ 120	350 ～ 380
重柴油	>120	300 ～ 330
蜡油	>120	300 ～ 320
渣油	>120	230 ～ 240

想一想

① 燃烧为什么要具备三要素？

② 生活中的物品（图3-3），哪些东西是易燃的？

图3-3　生活中的物品

二、爆炸的基础知识

1. 什么是爆炸

爆炸是物质发生急剧的物理、化学变化，在瞬间释放出大量能量并伴有巨大声响的过程。实质上是瞬间形成的高温、高压气体或蒸气骤然膨胀的现象。

2. **爆炸的分类**

（1）按爆炸能量来源的不同分类

①物理爆炸：由物理因素（如温度、体积、压力）变化而引起的爆炸现象。例如蒸汽锅炉、压缩气体、液化气体过压等引起的爆炸，都属于物理爆炸。物质的化学成分和化学性质在物理爆炸后均不发生变化。物理爆炸见图3-4。

②化学性爆炸：使物质在短时间内完成化学反应，同时产生大量气体和能量而引起的爆炸现象。物质的化学成分和化学性质在化学爆炸后均发生了质的变化。如乙炔铜、碘化氮、氯化氮等的爆炸。化学性爆炸按爆炸时所发生的化学变化可分为三类，即简单分解爆炸、复杂分解爆炸、爆炸性混合物爆炸。引起简单分解爆炸的物质在爆炸时并不一定发生燃烧反应，爆炸所需热量是由物质本身分解时产生的。这类物质非常危险，受到轻微震动就会引起爆炸，如叠氮铅、乙炔银、乙炔酮、氯化氮等；如乙炔银受摩擦或撞击时的分解爆炸：$Ag_2C_2 \longrightarrow 2Ag+2C+Q$。复杂分解爆炸时伴有燃烧现象，燃烧所需的氧由爆炸物质分解产生，所有的炸药都属于这类物质。爆炸性混合物爆炸指可燃气体、蒸气及粉尘与空气混合遇明火发生爆炸，爆炸性混合物爆炸需要一定的条件，如可燃物质的含量、氧气含量及明火源等，危险性较前两类低，但极普遍，危害性较大。化学爆炸如图3-5所示。

图3-4 物理爆炸

图3-5 化学爆炸

（2）按爆炸的瞬时燃烧速度分类

① 轻爆。物质爆炸时的燃烧速度为每秒数米，爆炸时无多大破坏力，声响也不大。如无烟火药在空气中快速燃烧，可燃气体混合物在接近爆炸浓度上限或下限时的爆炸即属于此类。

② 爆炸。物质爆炸时的燃烧速度为每秒数十米至数百米，爆炸时能在爆炸点引起压力激增，有较大的破坏力，有震耳的声响。可燃气体混合物在多数情况下的爆炸，以及被压火药遇火源引起的爆炸即属于此类。爆炸如图3-6所示。

③爆轰。物质爆炸的燃烧速度为1000～7000m/s。爆轰时的特点是突然引起极高压力，并产生超音速的“冲击波”。由于在极短时间内发生的燃烧产物急剧膨胀，像活塞一样积压其周围气体，反应所产生的能量有一部分传给被压缩的气体层，于是形成的冲击波由它本身的能量所支持，迅速传播并能远离爆轰的发源

地而独立存在，同时可引起该处的其他爆炸性气体混合物爆炸，从而发生一种“殉爆”现象。爆轰如图3-7所示。

图3-6 爆炸

图3-7 爆轰

三、防火防爆的基本技术措施

1. 什么是火灾

火灾通常是指违背人们的意志，在时间和空间上失去控制的燃烧所造成的灾害。在各种灾害中，火灾是最经常、最普遍的威胁公众安全和社会发展的主要灾害之一。

2. 火灾的分类

《火灾分类》（GB/T 4968—2008）按物质的燃烧特性将火灾分为如下几类：

A类火灾：固体物质火灾。这种物质通常具有有机物性质，一般在燃烧时能产生灼热的余烬。如木材、棉、麻、纸张等燃烧的火灾。

B类火灾：液体或可熔化的固体物质火灾。如汽油、甲醇、乙醚、沥青、石蜡等燃烧的火灾。

C类火灾：气体火灾。如煤气、天然气、甲烷、乙炔、氢气等燃烧的火灾。

D类火灾：金属火灾。如钾、钠、镁、锂、铝合金等燃烧的火灾。

E类火灾：带电火灾。物体带电燃烧的火灾。

F类火灾：烹饪器具内的烹饪物（如动植物油脂）火灾。

3. 火灾等级标准

根据2007年6月26日公安部下发的《关于调整火灾等级标准的通知》，新的火灾标准由原来的特大火灾、重大火灾、一般火灾三个等级调整为特别重大火灾、重大火灾、较大火灾和一般火灾四个等级。

① 特别重大火灾是指造成30人以上死亡，或者100人以上重伤，或者1亿元以上直接财产损失的火灾；

② 重大火灾是指造成10人以上30人以下死亡，或者50人以上100人以下重伤，或者5000万元以上1亿元以下直接财产损失的火灾；

③ 较大火灾是指造成3人以上10人以下死亡，或者10人以上50人以下重

伤，或者1000万元以上5000万元以下直接财产损失的火灾；

④ 一般火灾是指造成3人以下死亡，或者10人以下重伤，或者1000万元以下直接财产损失的火灾。

注："以上"包括本数，"以下"不包括本数。

4. 灭火的原理与方法

（1）灭火原理　物质燃烧必须具备三个条件：即可燃物、助燃物、火源，缺一不可。灭火的原理就是破坏燃烧的条件，使燃烧反应因缺少条件而终止。

（2）灭火的基本方法

① 隔离法：将着火的地方或物体与周围的可燃物隔离或移开，燃烧就会因缺少可燃物质而停止。实际运用时，如可将靠近火源的可燃、易燃和助燃的物品搬走；把着火的物体移到安全的地方；关闭可燃气体、液体管道的阀门，减少和终止可燃物质进入燃烧区域等。

② 窒息法：阻止空气流入燃烧区域或用不燃烧的物质冲淡空气，使燃烧物得不到足够的氧气而熄灭。实际应用时，可用石棉毯、湿麻袋、黄沙、灭火器等不燃烧或难燃烧物质覆盖在物体上；封闭起火的船舱、建筑的门窗、孔洞等和设备容器的顶盖，窒息燃烧源。

③ 冷却法。将灭火剂直接喷射到燃烧物上，以降低燃烧物的温度。当燃烧物的温度降低到该物的燃点以下，燃烧就停止了。或者将灭火剂喷洒到火源附近的可燃物上，防止辐射热影响而起火。

④ 化学抑制灭火法：将化学灭火剂喷入燃烧区使之参与燃烧的化学反应，从而使燃烧停止。

想一想

窒息法和隔离法有什么区别？

5. 火灾报警

发生火灾时，要牢记火警电话"119"。消防队救火不收费。接通电话后要沉着冷静，向接警中心表达清楚：失火的单位名称、地址、什么东西着火、火势大小、有无人员伤亡。同时还要注意听清对方提出的问题，以便正确回答，让对方先挂电话。把自己的号码和姓名告诉对方，以便联系。打完电话后立即到路口等候，引导消防车迅速赶到火灾现场。迅速组织人员疏通车道，使消防车到火场后能立即进入最佳位置。

想一想

你还知道其他的公共应急电话吗？

（1）匪（刑）警报案电话：110

① 报案范围：各类刑事案件和社会治安及危害国家安全等案件。

② 报案的正确方法：拨通110号码。

电话通了以后，将所看到的情况简明扼要地叙述一遍。

③ 主要说明案发的时间、地点、当事人和人数等；作案者（或受害人）的长相、身高、年龄、性别、衣着、特征等；作案时使用的工具；相关的车辆情况（颜色、车型、牌号等）等。

④ 说出你自己的姓名、性别、年龄、住址、联系电话。

（2）交通事故报案电话：122

① 报案范围：各类车辆所发生的交通事故。

② 报案的正确方法：

a. 拨通122号码。

b. 电话通了以后，将所看到的交通事故情况简明扼要地叙述一遍。

c. 说明事故的发生地点、时间、车型、车牌号码、事故起因、有无发生火灾或爆炸、有无人员伤亡、是否已造成交通堵塞等。

d. 说出你自己的姓名、性别、年龄、住址、联系电话。

e. 待对方挂断电话后，你再挂机。

【任务实施】

活动1：学习拨打火灾报警电话，并分析火灾原因

2022年10月2日晚8时25分许，××大学一学生公寓301宿舍发生一起火灾事故，致使配置给该宿舍使用的箱子架、物品柜等设施因火灾受损，另有价值5000余元的学生个人财物被烧毁。经查这起火灾事故是有同学违反学生公寓管理制度，在宿舍内私自使用大功率电器时造成的（寝室当时无人）。

如果你是这所大学的一名学生，发生火灾时你看到了这一幕，运用角色扮演法拨打119火警电话进行报警，并分析造成这次事故的原因及总结经验教训。

活动2：学会解析火灾案例

2010年7月28日上午9时56分，南京栖霞区万寿村15号，途经南京塑料四

厂拆迁工地丙烯管道被施工人员挖断，泄漏后发生爆炸。爆炸事件导致至少13人死亡，120人住院治疗。据环保监测部门报告，燃烧物为易燃可爆气体遇明火发生爆炸，事故的4名相关肇事者已被警方刑事拘留。

① 请分析这起事故的等级标准。

____

____

② 造成事故的原因是什么？

____

____

③ 我们应采取的防范措施有哪些？

____

____

【任务评价】

评价内容	评价标准	个人自评（占20%）	小组评价（占30%）	教师评价（占50%）
课堂考勤及表现	1. 能按时上课，无迟到、旷课现象（5分），否则扣除相应分数； 2. 上课表现状态良好，积极思考、回答问题（10分）			
活动1	1. 严禁抄袭，如有雷同，扣除相应分数（10分）； 2. 表达有条理、内容丰富、用词得当（30分）			
活动2	1. 内容正确（25分）； 2. 字体工整、无错别字（10分）； 3. 思路清晰、表述有条理（10分）			
总评				

【巩固练习】

① 什么是燃烧？燃烧应具备哪些条件？

② 什么是可燃物质和助燃物质？

③ 什么是点火源？常见的点火源有哪些？

④ 掌握爆炸基础知识对安全生产有何意义？

拓展阅读：燃气爆炸

天然气的主要成分是以甲烷为主的混合性气体，本身没有毒性，但如果燃烧不充分也会产生有毒的一氧化碳。天然气的密度小于空气，所以泄漏时一般会聚集在天花板的位置。

1. 燃气为什么会爆炸？

燃气爆燃的条件：

一是有燃料和助燃空气的积存；

二是燃料和空气混合物达到了爆燃的浓度；

三是有足够的点火源。

爆燃只有同时满足以上三个条件时才可发生，因此，在我们的生活和工作中，要注意突发情况的处理，避免三个条件同时存在，就可避免不必要的损失。

2. 如何识别燃气是否泄漏？

“一闻二看”：

闻味道，如果闻到明显的臭味，说明燃气可能泄漏了。

看燃气表，燃气在未使用的时候，指针仍在转，那就可能漏气了。

看管道，在管道上涂点肥皂水，有泡泡，就可能漏气了。

3. 发现泄漏应该如何处理？

① 首先关闭燃气总阀，切断气源迅速打开窗门，通风换气；

② 杜绝一切可能产生火花的行为，严禁在室内开启任何电器设备，如打电话、开灯、开排气扇、抽油烟机等以及穿脱化纤衣服；最后撤离现场，到室外拨打119火警电话等待救援；

③ 后期则拨打燃气修复报警电话，由专业人员上门处理。

任务二 识别火灾爆炸危险

【任务引入】

【案例】2015年6月27日晚8点40分左右，台湾新北市八里的八仙水上乐园舞台，在举办彩色派对活动最后5分钟发生粉尘爆炸意外，造成500余人受伤，12人死亡。

【任务分析】

一、事故原因

经过多次实验验证后，台湾新北市消防局2015年8月27日做出正式鉴定报告，认定起火元凶是舞台右前方的BEAM200电脑灯。起火原因正是部分玉米粉洒到灯面，数百度的高温引发爆炸，火势透过地上的玉米粉一路延烧，才会引发惨剧。

二、根本原因

报告指出，在爆炸前空气中的粉尘浓度已达爆炸下限，每立方米超过45g。由于人群的跳跃、风吹，加上工作人员不断以二氧化碳钢瓶喷洒玉米粉，才会让燃点430℃的玉米粉接触到表面温度超过400℃的电脑灯，引发火势，但因为气流引燃，才会让人产生“爆炸”错觉。

三、防范措施

1.粉尘作业场所的检查

一查作业场所是否符合标准规范要求，严禁在违规多层房、安全间距不达标厂房和居民区内作业。

二查除尘系统是否按防爆标准规范设计、安装和使用，除尘系统是否按规定设置泄爆装置，是否按规定采取防雷防静电措施。

三查是否建立粉尘清扫清理制度，是否按规定对作业现场的粉尘进行及时、全面、规范清理。

四查是否按规定清理除尘滤袋、管道和灰斗内的积尘，是否落实铝镁等遇湿易燃金属粉尘防水防潮措施。

五查是否对安全监管人员以及企业主要负责人、安全管理人员和重点岗位员工进行培训，掌握防范粉尘事故的相关规定和技能。

2. 粉尘使用场所的检查

一查各类娱乐性活动、赛事活动中是否还有使用彩色粉尘的情况。

二查活动中使用彩色粉尘的种类和数量、参加人员等情况，是否在封闭和相对封闭的场所喷洒彩色粉尘。

三查是否存在集中、持续、高浓度喷洒彩色粉尘且有明火、高温热源的问题。

四查是否落实安全责任、存在安全隐患、制定应急预案、按规定履行审批手续。

五查是否落实安全监管要求，严禁在大型群众性活动中使用可燃性彩色粉尘渲染气氛。

【任务目标】

① 具备火灾爆炸危险性识别的基本能力；

② 掌握影响爆炸极限的因素。

【知识储备】

一、火灾爆炸的危险性识别

1. 原料、成品的火灾爆炸危险

常见的火灾爆炸危险品见表3-3。

表3-3　常见火灾爆炸危险品

序号	危险化学品或危险货物	常见物料
1	第一类爆炸品	硝化甘油、硝化棉
2	第二类压缩气体和液化气体	氢气、乙炔等，化妆品中铝罐装、摩丝类的产品
3	第三类易燃液体	汽油、柴油、乙醇，含乙醇的花露水、香水
4	第四类易燃固体、自燃物品和遇湿易燃物品	易燃固体：硫黄、活性炭
		自燃物品：黄磷
		遇湿易燃品：硫的金属化合物、轻金属
5	第五类氧化剂和有机过氧化物	氧化钠、亚硝酸钾、高锰酸钾、过氧化氢

2. 储存、使用环节的火灾爆炸危险性识别

在危险品存储、使用的环节，应避免发生的化学反应有以下几种。

（1）氧化反应　可燃物在常温下与空气接触可释放出热量，当热量释放速率大于消耗速率，即引发燃烧。这类物质主要是第三类易燃液体和第四类易燃固体、自燃物品，在存储和使用时，应注意采取以下措施：

① 隔绝助燃物：与空气隔绝，严格与第五类氧化剂和有机过氧化物分开储存。

② 限制点火源：通风、阴凉储存，较低温度条件下进行工艺反应，远离火源。

（2）水敏性反应　水敏性物质是指遇水、水蒸气或水溶液发生放热反应，释放出易燃或爆炸性气体的物品，主要为第四类危险化学品中的遇湿易燃物品。

① 遇潮放热并释放H_2：Li、Na、K、Ca等的合金、氢化物等；

② 遇潮生成挥发性、易燃气体：氮化物、硫化物、磷化物等；

③ 遇潮只释放热量：酸酐、浓硫酸、浓碱。

存储和使用水敏性反应物品时，应该注意以下事项：

① 湿度控制：相对湿度不超过80%。保持容器密封，如钾、钠等活泼金属应浸没在煤油中。

② 隔绝可燃物：该反应使其本身成为点火源，因此要隔绝周边的可燃物；通风。

③ 降低点火源能量：通风阴凉，确保热量达不到着火点。

（3）酸敏性反应　酸敏性物质：遇酸、酸蒸气发生放热反应，释放出H_2和其他易燃或爆炸性气体。遇湿易燃物品与酸反应时，比与水反应更加剧烈，极易引起燃烧爆炸。

① 包含前述的除酸酐和浓酸以外的水敏性物质，例如金属及其合金，以及砷、硒、碲、氰化物等。

② 储存除参照水敏性物质外，应与酸性物质严格分开储存。

3. 工作场所的火灾爆炸危险性识别

（1）存在易燃气体的生产场所　当生产场所存在易燃气体时，容易发生气体爆炸。例如，在常温常压下乙炔不发生分解爆炸；但在生产场所的高温高压下，乙炔容易分解炸裂。乙炔炸裂后，H_2扩散，与空气混合，发生如下反应：

$$2H_2+O_2 \longrightarrow 2H_2O$$

$$2C_2H_2+5O_2 \longrightarrow 2H_2O+4CO_2$$

（2）粉尘多的生产场所　当生产场所的粉尘达到一定浓度时，容易发生火灾爆炸危险。常见的可燃粉尘有面粉、奶粉、玉米粉、可可粉、木屑粉、煤炭粉、棉花毛絮、部分金属粉末等。

（3）有熔盐池的生产场所　熔盐温度高达800℃，水与熔盐接触后，迅速汽化产生的大量水蒸气在熔盐中众多的、狭小的空隙中急剧膨胀，从而使熔盐发生炸裂现象。因此，在熔盐池区域附近，严禁液体的存在。一些有砂眼的铸件、管道、中空的金属部件，浸入熔盐池时，其中淤积的空气也会突然剧烈膨胀，引发爆炸。

二、影响爆炸极限的因素

可燃物质（可燃气体、易燃液体的蒸气和粉尘）与空气（或氧气）均匀混合后，遇点火源能发生燃烧并使火焰蔓延的最低至最高的浓度范围称为该物质的爆炸极限。不同类型的物质，爆炸极限也不一样，见表3-4。影响物质爆炸极限的因素有很多，各因素与爆炸极限范围的关系，见表3-5。

表3-4　不同物质的爆炸极限

<table>
<tr><th>类型</th><th>参数表示</th><th>爆炸极限范围</th><th>爆炸下限</th><th>爆炸上限</th></tr>
<tr><td>气体
（液体）</td><td>体积分数</td><td rowspan="2">① 范围＝上限～下限
② 范围越宽越危险
③ 重点预防爆炸极限范围宽的物质</td><td>① 下限越低越危险
② 低于下限不爆炸</td><td>超过上限不爆炸</td></tr>
<tr><td>可燃粉尘</td><td>质量浓度
（g/m^3）</td><td>① 下限越低越危险
② 低于下限不爆炸</td><td>无意义</td></tr>
</table>

表3-5　影响物质爆炸极限的因素及其关系

因素	与爆炸极限范围的关系	说明
火源能量	正相关	火源能量越大，给予激发化学反应的能量越大
初始压力	正相关	特殊：一氧化碳，初始压力越高，爆炸极限范围越小
初始温度	正相关	初始温度越高，分子越活跃
容器尺寸和材质	正相关	管径越小，火焰蔓延速度越小
惰性气体	负相关	惰性气体越多，爆炸极限范围越小

想一想

在两个同样大小的空间里，同样温度下，分别有4%的氢气和4%的甲烷，若此时有着火源，哪个会爆炸？

【任务实施】

活动：分析下列货物转移案例中的做法是否正确。

某化工厂有一批货物需要临时储存在仓库中，该仓库同时储有黄磷和一些木箱，因存放地点狭小，需要挪动仓库中的一些铁架，摆放到另外一个地方。领导指派电焊工将一铁架割开，在切割过程中，火星溅到木箱上引起木箱着火。厂消防队的消防员立刻用水枪灭火，为了防止相邻的黄磷发生爆炸，厂领导要求同时对密封的黄磷桶进行喷淋降温。

请指出案例中存在的错误做法和正确做法，并说明原因。

【任务评价】

评价内容	评价标准	个人自评（占20%）	小组评价（占30%）	教师评价（占50%）
课堂考勤及表现	1. 能按时上课，无迟到、旷课现象（10分），否则扣除相应分数； 2. 上课表现状态良好，积极思考、回答问题（20分）			
活动	1. 思路清晰、表述有条理，依据可靠（30分）； 2. 严禁抄袭，如有雷同，扣除相应分数（10分）； 3. 表达有条理、内容丰富、用词得当（30分）			
总评				

【巩固练习】

① 在生活中，我们应该如何避免火灾的发生？

② 常见的危险化学品或危险货物有哪些？

③ 当仓库管理员要在仓库存储易燃液体时，需要注意哪些事项？

④ 什么是爆炸极限，它对我们有何影响？

拓展阅读：手机爆炸

在互联网时代下，人们越来越离不开手机，手机已经成为人类生活的必需品。在给生活带来便利的同时，手机充电爆炸的事件时有发生。手机为什么会爆炸，我们又该如何预防呢？

1. 手机爆炸的原因

① 电池本身原因。电池内部缺陷，即使在不充电、不放电的情况下也会爆炸。这提示我们应去正规渠道购买手机。

② 电池长期充电。锂电池在特殊温度、湿度以及接触不良情况下，可能会瞬间放电产生大量电流、引发自燃自爆。千万不要将手机放在床边长时间充电，尤其在晚上睡觉的时候。

③ 短路。边打电话边充电很容易拉扯充电线造成短路，引起爆炸。另外将手机放在高温或易燃物品旁，也可能造成爆炸。

④ 混用充电器、充电线。避免用廉价、无质量保证的连接线和万能充电器充电。如果充电线坏了，要尽早更换！

2. 手机爆炸的前兆

① 手机过烫。长时间充电、打电话或边充电边玩手机都会导致手机过烫，让手机歇一会儿降降温即可。如果在正常使用手机时，手机异常，突然发烫，这种情况就应立即停止操作。

② 手机充不上电。现在的手机基本上都是内置电池，一旦手机充不上电，不是充电器的原因就是电池有问题。在排除充电器的原因后，基本上就是电池坏了，一定要送去检修。

③ 频繁自动重启。出现这种情况要格外警惕，因为频繁重启，会让手机长时间处于高速运转状态，等热到一定程度就有爆炸的可能。

④ 电池老化。电池严重损坏都是有征兆的，比如表面鼓起来，有液体流出等，另外，充电线突然变软也要特别注意。

任务三　规范使用消防器材

【任务引入】

【案例1】2015年1月，重庆的戴先生在搬运一枚过期车用灭火器时，灭火器发生爆炸，将戴先生右手炸成重伤。

【案例2】2015年3月，做废品收购生意的老戴帮朋友搬废品时看到一只过期的小号车用灭火器，正当他准备扯下保险销上的铅封时，灭火器发生爆炸，使其手骨掌炸断。

【案例3】2005年8月，某飞机制造厂一企业专职消防员正对员工进行消防知识教育，事发当时，他手执一干粉灭火器向他人作操作示范。突然灭火器发生爆炸，弹飞物直接击中该消防员下颌和鼻骨，当即造成其颈椎骨骨折。经医院抢救不治身亡。经查，爆炸的干粉灭火器已经过期。

【案例4】2013年2月，新疆一个电器商场发生灭火器爆炸事故，墙角的瓶装灭火器变成一张铁皮。

【任务分析】

一、事故原因

① 不按规定时间进行校验、维修、保养、充装和报废，灭火器“带病”工作，存在较大的安全隐患；

② 使用时没有掌握灭火器的基本操作方法和安全常识，使用方式不当、私自拆卸或使用过期产品。

二、根本原因

① 搬运灭火器时动作过大导致瓶体受到剧烈摇晃或猛烈撞击后发生爆炸；

② 灭火器在高温的环境里受热膨胀爆炸，在潮湿的环境中又会导致钢瓶表面腐蚀，使用时承受不住压力而发生爆炸。

三、防范措施

① 对灭火器必须进行定期检查、换药、试压。凡机壳损坏，受压能力不足的灭火器坚决淘汰。

② 灭火器换药时，要将筒内锈渣清洗干净，药液要用纱布过滤。平时灭火

器喷嘴可套上纸套，以防灰尘等侵入堵塞喷嘴。灭火器快要喷完时，不要马上打开机盖，防止剩余气压伤人。

③ 灭火器喷不出药剂，可用铁丝疏通喷嘴，千万不要往火里抛，否则，机壳在高温下易变形，药液受热膨胀，使灭火器内压力大大增加，也会引起爆炸。

④ 灭火器的存放环境温度在4～45℃范围内。

⑤ 灭火器应放置在通风、干燥、阴凉并取用方便的地方，应避免高温、潮湿和有腐蚀严重的场所，以免灭火器在使用期内腐蚀严重，在检查或使用时发生意外。

【任务目标】

① 会根据不同的火灾类型选用不同的灭火器正确灭火；

② 能根据情境制订火灾预防措施及会扑救火灾；

③ 会进行火灾事故案例分析。

【知识储备】

在社会生活中，火灾已成为威胁公共安全，危害人民群众生命财产的一类事故灾害。总结以往造成群死群伤及重大经济损失的特大火灾的教训，其中最根本的一点是要提高人们火场逃生的能力，以及正确地使用灭火设施。一旦火灾发生，能冷静机智运用灭火设施进行自救与逃生，就有极大可能拯救自己、拯救他人。

一、常用灭火器的类型

1. 灭火剂

能够有效地在燃烧区破坏燃烧条件，达到抑制或中止燃烧的物质，称作灭火剂。目前，广泛应用的灭火剂主要有水、泡沫、二氧化碳、干粉、卤代烷及特种灭火剂。各类灭火剂分别具有下列作用：

① 冷却、降低燃烧温度；

② 窒息、阻止空气进入燃烧区；

③ 隔离、阻止可燃物流向燃烧区；

④ 抑制链反应；

⑤ 稀释可燃气体、可燃液体浓度，降低空气中的含氧量。

每一类灭火剂分别具有上述一种或数种作用。例如灭火剂水具有冷却、隔绝、窒息等作用。水是取用方便、价值低廉的灭火剂，在灭火中获得了最广泛的应用。

2. 灭火器

灭火器，又称灭火筒，是一种可携式灭火工具。灭火器内藏化学物品，用以扑救火灾。灭火器是常见的防火设施（常见的有建筑物内的火灾自动报警系统、室内消火栓、室外消火栓等）之一，存放在公众场所或可能发生火警的地方。因为其设计简单便携，一般人亦能用来扑灭刚发生的小火灾。不同种类的灭火筒内的成分不一样，是专为不同的火警而设，使用时必须注意以免产生相反效果及引起危险。

灭火器按充装的灭火剂可分为泡沫、二氧化碳、干粉、卤代烷（常见的1211灭火器），常见的灭火器如图3-8所示。

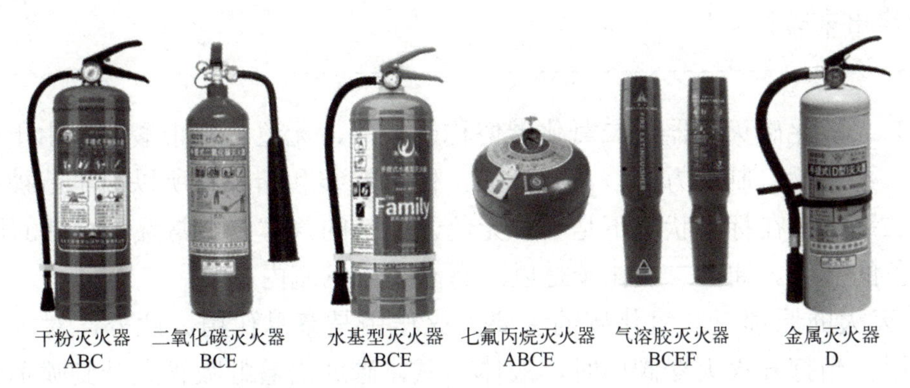

图3-8　灭火器类型

灭火器的种类可以从型号上区分。不同灭火器型号有规定的编制方法。根据国家标准规定，灭火器型号应以汉语拼音大写字母和阿拉伯数字标于筒体，如“MF2”等。其中第一个字母代表灭火器，第二个字母代表灭火剂的类型（如表3-6所示，S是水灭火剂、P是泡沫灭火剂、F是干粉灭火剂、T是二氧化碳灭火剂、Y卤代烷灭火剂、SQ清水灭火剂），后面的阿拉伯数字代表灭火剂重量或容积，一般单位为千克或升。有第三个字母T是表示推车式，B表示背负式，没有第三个字母的表示手提式，表3-6为常用灭火器的特点和使用方法。

表3-6　常用灭火器的特点和使用方法

类	组	代号	特征	代号含义	主要参数	
					名称	单位
灭火器M（灭）	水 S（水）	MS MSQ	酸碱 清水，Q（清）	手提式酸碱灭火器 手提式清水灭火器	灭火剂充装量	L
	泡沫 P（泡）	MP MPZ MPT	手提式 舟车式，Z（舟） 推车式，T（推）	手提式泡沫灭火器 舟车式泡沫灭火器 推车式泡沫灭火器		L
	干粉 F（粉）	MF MFB MFT	手提式 背负式，B（背） 推车式，T（推）	手提式干粉灭火器 背负式干粉灭火器 推车式干粉灭火器		kg
	二氧化碳 T（碳）	MT MTZ MTT	手提式 鸭嘴式，Z（嘴） 推车式，T（推）	手提式二氧化碳灭火器 鸭嘴式二氧化碳灭火器 推车式二氧化碳灭火器		kg
	1211 Y（1）	MY MYT	手提式 推车式	手提式 推车式1211灭火器		kg

想一想

我们常见的灭火器有MP型、MPT型、MF型、MFT型、MFB型、MY型、MYT型、MT型、MTT型。它们分别代表哪些种类的灭火器，你能正确的读出来吗？

（1）二氧化碳灭火器　二氧化碳俗称碳酸气，无色，略带酸味；由于它本身不燃烧、不助燃，制造方便，易于液化，便于灌装和储存，所以很早就被用作灭火剂。二氧化碳在标准状况下是一种无色、无味的气体。在常温和6MPa压力下，变成无色的液体。通常二氧化碳是以液态灌装在钢瓶内。

① 灭火的原理。二氧化碳的主要灭火作用是窒息作用。此外，对火焰还有冷却作用。当打开灭火器阀门时，液体二氧化碳就沿着虹吸管上升到喷嘴处，迅速蒸发成气体，体积扩大约500倍，同时吸收大量的热能，使嘴筒内温度急剧下降，当降至-78.5℃时，一部分二氧化碳就凝结成雪花片状固体。它能使燃烧温度降低，并隔绝空气和降低空气中的含氧量，而使火熄灭。

每一种可燃物都存在一个能够维持燃烧的最低含氧量，周围环境中的含氧量低于此含量时，即不能燃烧。这个最低氧含量称为极限氧含量。实践表明，当燃烧区域空气中含氧量低于12%，或者二氧化碳的浓度达到30%～35%时，绝大多数的燃烧都会熄灭。

② 适用范围。二氧化碳灭火剂不导电、不含水分、灭火后很快散逸，不留痕迹，不污损仪器设备。所以它主要适用于扑救封闭空间的火灾。适用于扑救A、B、C类初期火灾。特别适用于扑救600V以下的电气设备、精密仪器、图书、资料档案类火灾。

二氧化碳不能扑救锂、钠、钾、镁、锑、钛、铀等金属及其氢化物火灾，也不能扑救如硝化棉、赛璐珞、火药等本身含氧的化学物质火灾。

③ 注意事项和使用方法。使用二氧化碳灭火器时，在室外使用的，应选择在上风方向喷射；在室内窄小空间使用的，灭火后操作者应迅速离开，以防窒息。二氧化碳是窒息性气体，对人体有害，在空气中二氧化碳含量达到8.5%，会发生呼吸困难，血压增高；二氧化碳含量达到20%～30%时，呼吸衰弱，精神不振，严重的可能因窒息而死亡。因此，在空气不流通的火场使用二氧化碳灭火器后，必须及时通风。

二氧化碳是以液态存放在钢瓶内的，使用时液体迅速气化吸收本身的热量，使自身温度急剧下降到-78.5℃左右。利用它来冷却燃烧物质和冲淡燃烧区空气中的含氧量以达到灭火的效果。所以在使用中要戴上手套，动作要迅速，以防止冻伤。二氧化碳灭火器的使用方法如图3-9所示。

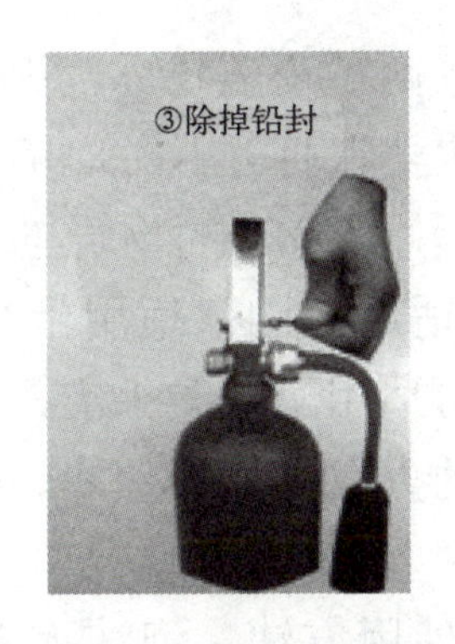

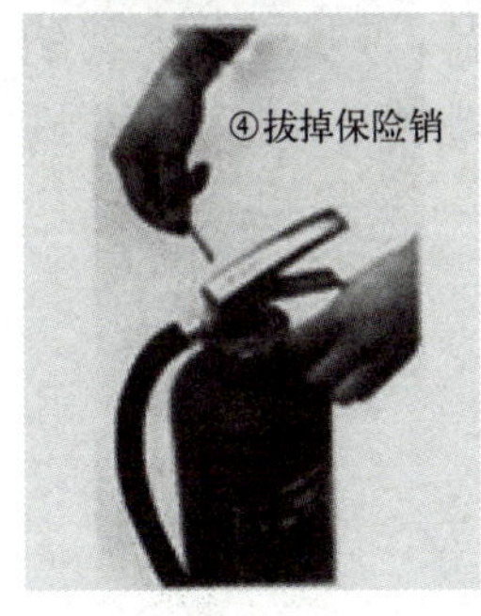

M3-1 二氧化碳灭火器的使用方法

图3-9 二氧化碳灭火器的使用方法

④ 二氧化碳灭火器的维护保养。二氧化碳灭火器应放置在明显、取用方便的地方，不可放在采暖或加热设备附近和阳光强烈照射的地方，存放温度不要超过55℃。

灭火器每半年应检查一次质量，用称重法检查。称出的质量与灭火器钢瓶底部标记的钢印总质量相比较，如果低于钢印所示量50 g的，应送维修单位检修。

在搬运过程中，应轻拿轻放，防止撞击。在寒冷季节使用二氧化碳灭火器时，阀门（开关）开启后，不得时启时闭，以防阀门冻结。

灭火器每隔5年送请专业机构进行一次水压试验，并打上试验年、月的钢印。水压试验压力应与钢瓶底部所打钢印的数值相同，水压试验同时还应对钢瓶的残余变形率进行测定，只有水压试验合格且残余变形率小于6的钢瓶才能继续使用。

（2）泡沫灭火器

① 灭火的原理。化学泡沫灭火器内有两个容器（图3-10），分别盛放两种液体，它们是硫酸铝和碳酸氢钠溶液，分别放置在内筒和外筒，两种溶液互不接触，不发生任何化学反应（平时千万不能碰倒泡沫灭火器）。当需要泡沫灭火器时，把灭火器倒立，两种溶液混合在一起，就会产生大量的二氧化碳气体。

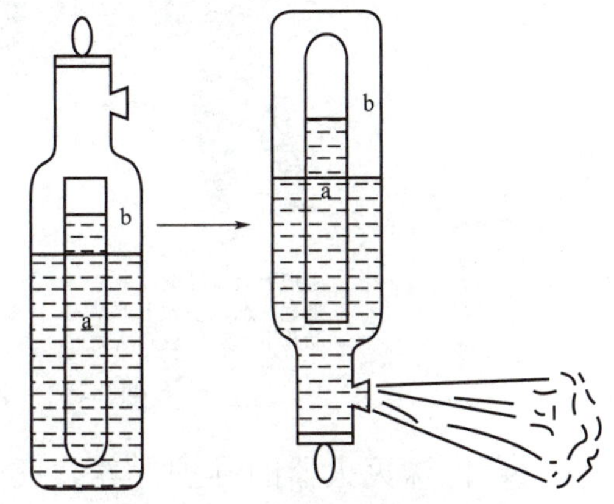

图3-10 泡沫灭火器的结构示意

M3-2 化学泡沫灭火器的原理

除了两种反应物外，灭火器中还加入了一些发泡剂。发泡剂能使泡沫灭火器在打开开关时喷射出大量二氧化碳以及泡沫，能黏附在燃烧物品上，使燃着的物质与空气隔离，并降低温度，达到灭火的目的。

② 适用范围。适用于扑救一般B类火灾，如油制品、油脂等火灾，也可适用于A类火灾，但不能扑救B类火灾中的水溶性可燃、易燃液体的火灾，如醇、酯、醚、酮等物质火灾；也不能扑救带电设备及C类和D类火灾。

③ 注意事项和使用方法。泡沫灭火器存放时，应避免高温，以防碳酸氢钠分解出二氧化碳而失效，最佳存放温度为4～5℃，应经常疏通喷嘴，使之保持畅通。泡沫灭火器的使用方法如图3-11所示。

①右手握着压把，左手托着灭火器底部，轻轻地取下灭火器

②右手提着灭火器到现场

③右手捂住喷嘴，左手执筒底边缘

④把灭火器颠倒过来呈垂直状态，用劲上下晃动几下，然后放开喷嘴

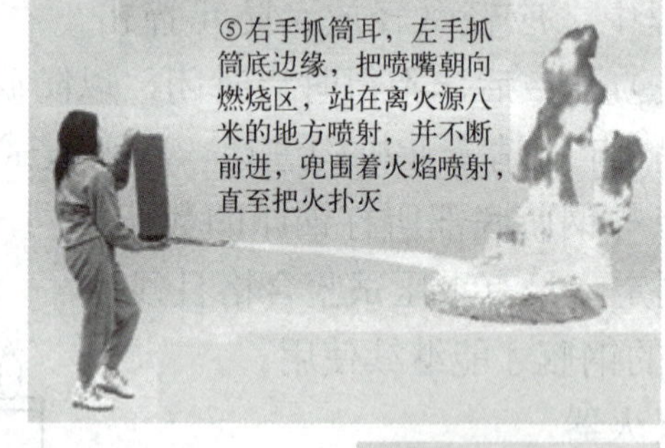

⑤右手抓筒耳，左手抓筒底边缘，把喷嘴朝向燃烧区，站在离火源八米的地方喷射，并不断前进，兜围着火焰喷射，直至把火扑灭

⑥灭火后，把灭火器卧放在地上，喷嘴朝下

图3-11 泡沫灭火器使用方法

④ 泡沫灭火器的维护保养。灭火器应当放置在阴凉、干燥、通风，并取用方便的位置，冬季应注意防冻。

定期检查喷嘴是否堵塞，使之保持通畅。使用期限在两年以上的，每年应送请有关部门进行水压试验，水压强度合格才能继续使用。灭火器的检查应当由经过培训的专业人员进行，维修应由取得维修许可证的专业单位进行。

（3）干粉灭火器

① 灭火原理。干粉灭火器（图3-12）主要通过干粉来灭火。干粉灭火剂是一种干燥的、易于流动并具有很好的防潮、防结块性能的固体微细粉末，所以又称粉末灭火剂。对有焰燃烧来说，干粉灭火剂的灭火作用主要是通过对燃烧的链式反应的化学抑制作用来实现的。干粉灭火剂平时储存于干粉灭火器或固定干粉灭火设备中，灭火时干粉药剂在二氧化碳或氮气压力的驱使下从喷嘴喷出，形成一股夹着加压气体的雾状粉流，当干粉与火焰接触时，在抑制燃烧等物理化学作用下将火焰扑灭。

图3-12 干粉灭火器

②适用范围。干粉灭火剂主要应用于固定式干粉灭火系统、干粉消防车和干粉灭火器。干粉灭火器内充入的干粉灭火剂有碳酸氢钠（BC）干粉灭火剂和磷酸铵盐（ABC）干粉两大类。BC型可扑灭B类（可燃液体、油脂类）和C类（可燃气体）的期初火灾。ABC型除可扑灭B、C类火灾外，还可扑救A类初期火灾，是通用型干粉灭火器。同时干粉灭火器具有良好的绝缘性，还可以扑灭50V以下的电器火灾，但不适宜扑救轻金属燃烧的火灾。

③ 注意事项和使用方法。干粉灭火器不可倒置使用，扑灭油类物质火焰时，不可将灭火剂直喷油面，以免燃油被吹喷溅。干粉灭火器的使用方法如图3-13所示。

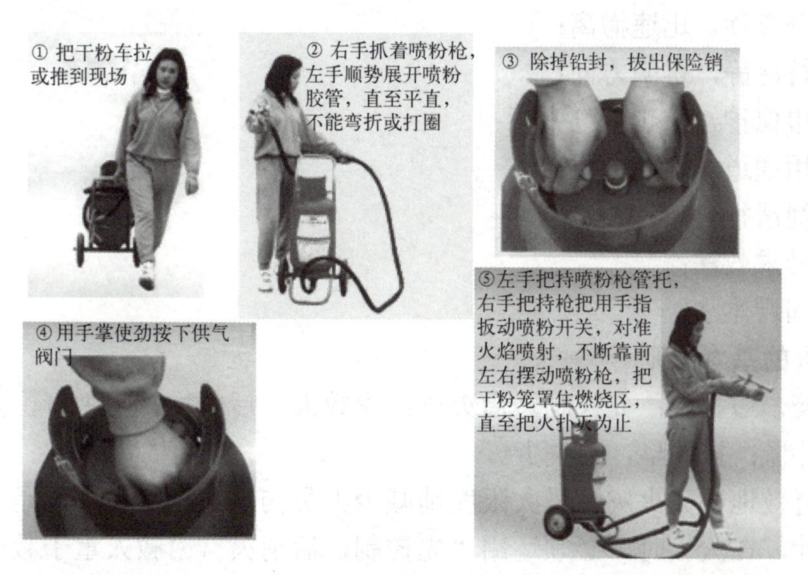

图3-13 干粉灭火器使用方法

④ 干粉灭火器的维护保养。灭火器应放置在通风、干燥、阴凉并取用方便的地方。每半年检查干粉是否结块、储气瓶内二氧化碳气体是否泄漏。灭火器一经开启必须再充装，再充装时，绝对不能变换干粉灭火剂的种类，即碳酸氢钠干粉灭火器不能换装磷酸铵盐干粉灭火剂。每次再充装前或灭火器出厂三年后，应进行水压试验，水压试验时对灭火器筒体和储气瓶应分别进行。其水压试验压力应与该灭火器上标签或钢印所示的压力相同。水压试验合格后才能再次充装使用。必须由经过培训的专人负责，修理、再充装应送专业维修单位进行。

练一练

图书馆着火了，实验室贵重仪器着火了，宿舍着火了，化工厂油罐着火了，电气设备着火了，该怎样拨打急救电话？

二、火灾逃生基本方法及灭火基本原则

1. 火灾逃生基本方法

一场大火降临，在众多被火势围困的人员中，有的人慌不择路，跳楼丧生或造成终身残疾，也有的人化险为夷，死里逃生，这固然与起火时间、地点，火势大小、建筑物内的消防设施有关，但还要看被困人员有没有逃生的本领。逃生自救的基本方法有以下几种：

① 熟悉环境，确定逃生路线；

② 争分夺秒，迅速撤离；

③ 保持冷静，辨明方向；

④ 毛巾保护，防止烟气中毒；

⑤ 利用通道，疏散逃生；

⑥ 结绳滑行自救；

⑦ 信号求救法；

⑧ 空间避难法。

2. 灭火的基本原则

边报警，边扑救；先控制，后灭火；先救人，后救物；防中毒，防窒息；听指挥，莫惊慌；报警早，损失少。

迅速有效地扑灭火灾，最大限度地减少人员伤亡和经济损失，是灭火的基本目的。因此，在灭火时，必须运用“先控制，后消灭”，“救人重于救火”，“先重点，后一般”等基本原则。

（1）先控制、后消灭　先控制，后消灭是指对于不可能立即扑灭的火灾。

要首先采取控制火势继续蔓延扩大的措施，在具备了扑灭火灾的条件时，展开全面进攻，一举消灭火灾。灭火时，应根据火灾情况和本身力量灵活运用这一原则，对于能扑灭的火灾，要抓住时机，迅速扑灭。如果火势较大，灭火力量相对薄弱，或因其他原因不能扑灭时，就应把主要力量放在控制火势发展或防止爆炸、泄漏等危险情况发生上，为防止事故扩大、彻底消灭火灾创造条件。

（2）救人重于救灾　救人重于救灾，是指火场如果有人受到火灾威胁，灭火的首要任务就是要把被火围困的人员抢救出来。运用这一原则，要根据火势情况和人员受火灾威胁的程度而决定。在灭火力量较强时，灭火和救人可同时进行，但决不能因灭火而贻误救人时机。人未救出前，灭火往往是为了打开救人通道或减弱火势对人的威胁程度，从而更好地救人脱险，为及时扑灭火灾创造条件。

（3）先重点、后一般　先重点后一般是针对整个火场情况而言的，要全面了解并认真分析火场情况，采取有效的措施。

3. 人身起火的扑救

化工企业生产环境中，由于工作场所作业客观条件限制，人身着火事故往往因火灾爆炸事故或在火灾扑救过程中引起；也有的因违章操作或意外事故所造成。人身起火燃烧，轻者留有伤残，重者直至危及生命。因此，及时正确的扑救人身着火，可大大降低伤害程度。

① 人身着火的自救。因外界因素发生人身着火时，一般应采取就地打滚的方法，用身体将着火部分压灭。此时，受害人应保持头脑清醒，切不可跑动，否则风助火势，会造成更严重的后果；衣服局部着火，可采取脱衣、局部裹压的方法灭火。明火扑灭后，应进一步采取措施清理棉毛织品的阴火，防止死灰复燃。

② 纤织品比棉布织品有更大的火灾危险性，这类织品燃烧速度快，容易粘在皮肤上。扑救化纤织品人身火灾，应注意扑救中或扑灭后，不能轻易撕扯受害人的烧残衣物。否则容易造成皮肤大面积创伤，使裸露的创伤表面加重感染。

③ 易燃可燃液体大面积泄漏引起人身着火，这种情况一般发生突然，燃烧面积大，受害人不能进行自救。此时，在场人员应迅速采取措施灭火。如将受害人拖离现场，用湿衣服、毛毡等物品压盖灭火；或使用灭火器压制火势，转移受害人后，再采取人身灭火方法。使用灭火器扑灭人身火灾，应特别注意不能将干粉、CO_2等灭火剂直接对着受害人面部喷射，防止造成窒息。也不能用二氧化碳灭火器对人身进行灭火，以免造成冻伤。

④ 火灾扑灭后，应特别注意烧伤患者的保护，对烧伤部位应用绷带或干净的床单进行简单的包扎后，尽快送医院治疗。

读一读

火灾逃生小口绝

1. 不入险地，不贪财物；2. 简易防护，不可缺少；3. 缓降逃生，滑绳自救；4. 当机立断，快速撤离；5. 善用通道，莫入电梯；6. 大火袭来，固守待援；7. 火已烧身，切勿惊跑；8. 发出信号，寻求救援；9. 熟悉环境，暗记出口。

【任务实施】

正确使用干粉灭火器。

1. 材料准备

须准备的材料见表3-7。

表3-7 材料准备清单

序号	名称	规格	数量	备注
1	盘子	直径50cm，圆盘	1个	
2	手提式干粉灭火器	MF/ABC	若干	
3	点火盘	—	1个	
4	点火棍	—	1个	
5	汽油	—	若干	
6	灭火布	—	1个	

2. 操作考核规定及说明

（1）操作程序说明

① 携带灭火器跑至喷射线；

② 操作灭火器向油盘喷射；

③ 携带灭火器冲出终点线。

（2）考核规定说明

① 如操作违章或未按操作程序执行操作，将停止考核。

② 考核采用百分制，考核项目得分按鉴定比重进行折算。

③ 考核方式说明：该项目为实际操作，考核过程按评分标准及操作过程进行评分。

④ 考核技能说明：本项目主要考核学生对干粉灭火器操作的熟练程度。

3. 考核时限

① 准备时间：1min（不计入考核时间）。

② 正式操作时间：50s（从听到“开始”口令至举手示意喊“好”为止）。

③ 提前完成操作不加分，到时间后停止操作考核。

【任务评价】

序号	考核内容	考核要点	分数	评分标准	扣分	得分	备注
1	①携带灭火器跑至喷射线	奔跑中拔出保险销，跑动中灭火器不能触地	10	未拔出保险销扣10分； 跑动中灭火器触地扣5分			
		灭火器底部不得正对着人	10	灭火器底部对着人扣10分			
2	②操作灭火器向油盘喷射	右手握住开启压把手	10	未握住开启压把手扣10分			
		左手握住喷枪	10	未握住喷枪扣10分			
		用力捏紧开启压把手	10	未捏紧开启压把手扣10分			
		对准盘子内壁喷射，使得火焰完全熄灭	10	未对准内壁扣10分			
		占据上风向位置	10	未占据上风向位置扣10分			
3	③携带灭火器冲出终点线	灭火器不能触地	10	灭火器触地扣10分			
		冲出终点线后举手示意问好	5	未举手问好扣5分			
4	职业素养	按照国家或安全规定执行操作	10	每违规一次从总分中扣除2分，直至扣完为止			
5	考核时间	在规定时间内完成	5	到时间停止考核			

【巩固练习】

① 请说出哪些火灾不能用水扑救？（答出五类）

② 泡沫灭火器、干粉灭火器主要用于扑救哪些火灾？

③ 说出火灾逃生的方法有哪些？

④ 二氧化碳灭火器的基本原理是什么？

⑤ 当发生火灾时，如何正确使用灭火器？

拓展阅读：灭火毯的正确使用方法

家中常备灭火毯，关键时刻保平安。日常生活中遭遇火情，我们该如何使用这个灭火“利器”呢？

在使用的时候双手将毯子拉扯下来，将涂有阻燃、灭火涂料的一面朝外，迅速覆盖在火源上（油锅、地面等），注意一定要包裹完全，不留任何缝隙，这样就能够起到迅速阻隔空气并熄灭火源的作用。

具体分为以下4个步骤：

① 平时将灭火毯固定或放置于比较显眼且能快速拿取的墙壁上或抽屉内。

② 在起火初期，火速取出灭火毯，双手握住两根黑色拉带。

③ 将灭火毯轻轻抖开，覆盖在火焰上，同时切断电源或气源。

④ 待着火物体熄灭，并与灭火毯冷却后，将毯子裹成一团，作为不可燃垃圾处理。

注意事项：

① 灭火毯从左至右边做两次折叠，使毯子宽度小于容器宽度。

② 放入容器中并且封存好，确保所有拉带从盖子缺口处伸出。

③ 每12个月检查一次，如果破损或弄脏，立即更换。

项目四 危险化学品

任务一 识别危险化学品

【任务引入】

【案例1】辽宁建平县鸿燊商贸有限公司“3·1”硫酸泄漏事故

2013年3月1日15时20分，在朝阳市建平县现代生态科技园区（以下简称园区）内，建平县鸿燊商贸有限公司2号硫酸储罐发生爆裂，并将1号储罐下部连接管法兰砸断，导致两罐约2.6万吨硫酸全部溢（流）出，造成7人死亡，2人受伤，溢出的硫酸流入附近农田、河床及高速公路涵洞，引发较严重的次生环境灾害，造成直接经济损失1210万元。

事故直接原因：由于储罐内的浓硫酸被局部稀释使罐内产生氢气，与含有氧气的空气形成达到爆炸极限的氢氧混合气体，当氢氧混合气体从放空管通气口和罐顶周围的小缺口冒出时，遇焊接明火引起爆炸，气体的爆炸力与罐内浓硫酸液体的静压力叠加形成的合力作用在罐体上，导致2号罐体瞬间爆裂，硫酸暴溢，又由于爆裂罐体碎片飞出，将1号储罐下部连接管法兰砸断，罐内硫酸泄漏。

【案例2】河北省邯郸福泰生物科技有限公司“4·1”硫化氢中毒事故

2016年4月1日，河北省邯郸市大名县福泰生物科技有限公司发生一起硫化氢中毒事故，造成3人死亡、3人受伤。

事故的直接原因：企业在排放试生产产生的硫化钠废水时未开启尾气吸收塔，导致含有硫化钠的碱性废水与废水池中的酸性废水反应释放出硫化氢气体。经废气总管回串至车间抽滤槽并逸散，致使在附近作业的1名人员中毒；施救人员在未采取任何防护措施的情况下盲目施救，导致事故后果扩大。

以上事故案例中，导致事故发生的化学物质各有什么特性？如何去辨识一般化学品和危险化学品，他们的判断依据是什么？

【任务分析】

判断一种物品是否属于危险化学品，不是按照危险化学品的定义来判断，而是对照GB 12268—2012《危险货物品名表》来判断。使用GB 12268—2012《危险货物品名表》时，物品名称必须是完整的品名。

对于未列入《危险货物品名表》中的化学品，如果确实具有危险性，则根据危险化学品的分类标准，进行技术鉴定，最后由公安、环境保护、卫生、质检等部门确定。

【任务目标】

① 能准确识别危险化学品；
② 能准确制作危险化学品安全周知卡；
③ 具备标准意识、安全意识。

【知识储备】

一、危险化学品的定义

危险化学品是指具有爆炸、易燃、毒害、腐蚀、放射性等性质，在生产经营、储存、运输、使用和废弃物处置过程中，容易造成人身伤亡和财产损毁而需要特别防护的化学品。危险化学品在使用时，通常会配有危险化学品物质安全周知卡，如图4-1所示。

二、危险化学品的分类

依据《化学品分类和危险性公示　通则》（GB 13690—2009）和《危险货物分类和品名编号》（GB 6944—2012）两个国家标准，我国将危险化学品按其危险性划分为9大类、20项。

具体为：
第1类　爆炸品；
第2类　易燃气体；
第3类　易燃液体；
第4类　易燃固体、易于自燃的物质、遇水放出易燃气体的物质；
第5类　氧化性物质和有机过氧化物；
第6类　毒性物质和感染性物品；
第7类　放射性物质；

危险化学品硫酸安全周知卡

危险性类别	品名、英文名及分子式及CAS号	危险性标志
腐蚀	硫酸 Sulfuric acid H_2SO_4 CAS号：7664-93-9	

危险性理化数据	危险特性
溶点（℃）:10.5 溶解性：与水混溶 相对密度（水=1）:1.83 饱和蒸气压（kPa）:0.13/145.8℃	与易燃物（如苯）和有机物（如糖、纤维素等）接触会发生剧烈反应，甚至引起燃烧。能与一些活性金属粉末发生反应，放出氢气。遇水大量放热，可发生沸溅。具有强腐蚀性。

接触后表现	现场急救措施
有刺激作用，引起黏膜和上呼吸道的刺激症状。如流泪、咽喉刺激感、呛咳、并伴有头痛、头晕、胸闷等。长期接触可引起牙齿酸蚀症，皮肤接触引起灼伤。口服硫酸，引起上消化道剧痛、烧灼伤以至形成溃疡；严重者可能有胃穿孔、腹膜炎、喉痉挛、肾损害、休克以至窒息等。	皮肤接触：立即用水冲洗至少15分钟。或用2%碳酸氢钠溶液冲洗。若有灼伤，就医治疗。眼睛接触：立即提起眼睑，用流动清水或生理盐水冲洗至少15分钟。就医。 吸入：迅速脱离现场至空气新鲜处。呼吸困难时给输氧。给予2%~4%碳酸氢钠溶液雾化吸入。就医。 食入：误服者给牛奶、蛋清。不可催吐。

身体防护措施

必须戴防毒面具

必须穿防护服

必须戴防护手套

泄漏应急处理

疏散泄漏污染区人员至安全区，禁止无关人员进入污染区，建议应急处理人员戴好面罩，穿化学防护服。不要直接接触泄漏物，勿使泄漏物与可燃物质（木材、纸、油等）接触，在确保安全情况下堵漏。喷水雾减慢挥发（或扩散），但不要对泄漏物或泄漏点直接喷水。用沙土、干燥石灰或苏打灰混合，然后收集运至废物处理场所处置。

浓度	当地应急救援单位名称	当地应急救援单位电话
时间加权平均容许浓度：$1mg/m^3$； 短时间接触容许浓度：$2mg/m^3$；	市消防支队 市人民医院	市消防支队：119 市人民医院：120

图4-1　硫酸危险化学品物质安全周知卡

第8类　腐蚀性物质；

第9类　杂项危险物质和物品，包括危害环境物质。

其安全标志如图4-2所示。

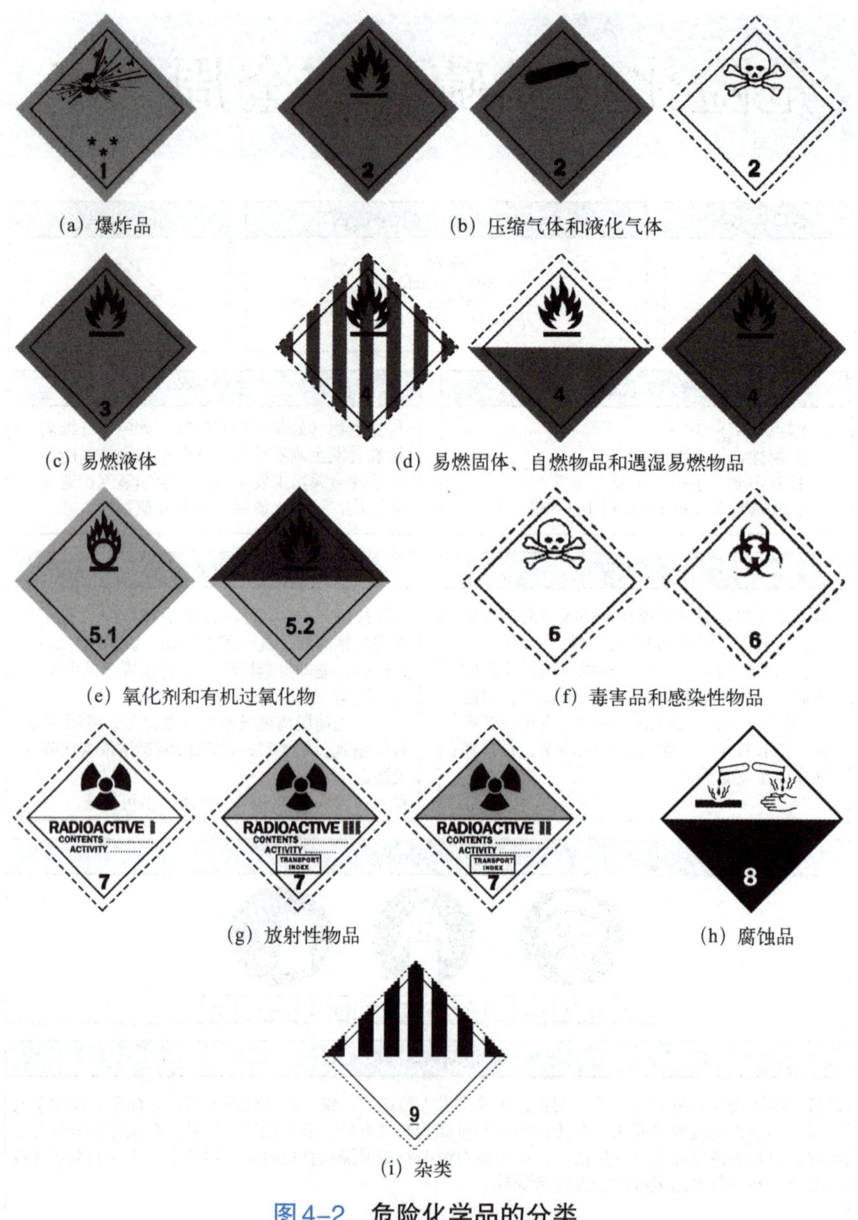

(a) 爆炸品　(b) 压缩气体和液化气体

(c) 易燃液体　(d) 易燃固体、自燃物品和遇湿易燃物品

(e) 氧化剂和有机过氧化物　(f) 毒害品和感染性物品

(g) 放射性物品　(h) 腐蚀品

(i) 杂类

图 4-2　危险化学品的分类

【任务实施】

活动 1：列举常见的危险化学品

你知道的危险化学品有哪些？有什么特性？各属于什么类型？（至少列举三个）

活动 2：制作一种危险化学品的安全周知卡

参照硫酸危险化学品物质安全周知卡，选择一种危险化学品，制作该危化品的安全周知卡。

【任务评价】

评价内容	评价标准	自评（占20%）	他评（占30%）	师评（50%）
考勤及课堂表现	能按时上课，不迟到、不早退（5分） 上课状态良好，积极回答问题（5分）			
活动1	1. 至少能列举三种（9分） 2. 特性表述正确（9分） 3. 分类正确（9分） 4. 字体工整、整洁（3分）			
活动2	危险化学品选择正确（5分） 内容准确、全面、重点突出（40分） 设计标准、美观、符合要求（10分） 字体工整、整洁（5分）			
总分				

【巩固练习】

谈谈你对危化品安全事故的思考。

拓展阅读：实验室使用化学品的注意事项

实验室是院校进行教学、科研等实验活动的重要场所，由于其自身所具有的特点，它存在一定程度的不安全因素，稍有不慎可能会引发实验室安全事故，进而对实验者本身、周围人群和环境产生一定伤害，甚至危及生命。安全无小事，防患于未然。实验室使用化学品的注意事项有以下几点：

① 实验之前应先阅读所用化学品的安全技术说明书（MSDS），了解化学品理化性质，采取必要的防护措施。

② 严格按实验规程进行操作，在能够达到实验目的的前提下，尽量少用或用危险性低的物质替代危险性高的物质。

③ 保持工作环境通风良好，通道畅通，实验过程中不得锁闭大门。

④ 使用化学品时，不得直接接触、品尝药品味道或把鼻子凑到容器口嗅闻药品的气味。严禁用明火加热有机溶剂，不得在烘箱内存放干燥易燃有机物。

⑤ 所有涉及挥发性药品（包括刺激性气味药品）的操作都必须在通风橱中进行；一般情况下，通风橱内不应放置大件设备，不可堆放试剂或其他杂物，操作过程中不可将头伸进通风橱，反应过程中应尽量使橱门放得较低。

⑥ 有毒药品严防进入口腔和接触伤口，特别是氰化物、砷化物等。金属汞一旦洒落，必须用硫黄粉覆盖、收集，并仔细检查，以免遗失。使用碱金属（钾、钠等）时，应避免与水或含水试剂混合。

⑦ 不得将使用小量、常用化学药品的经验，任意移用于大量化学药品上；不得将常温、常压下实验的经验，任意移用于高温、高压、低温、低压的实验。

任务二　学习危险化学品安全管理

【任务引入】

【案例】2023年1月4日12时许，位于蚌埠市淮上区化工园区的蚌埠市圣光化工有限公司发生混酸（硫酸和硝酸混合物）泄漏事故，事故虽未造成人员伤亡，但造成较大社会影响。

事故原因：经初步调查，该公司主要从事硫酸镁（非危险化学品）生产，企业两周前违规将硫酸储罐用于储存混酸，物料在存放过程中逐渐与罐体反应产生热膨胀，导致反应物及混酸从储罐上部进料口溢出。该起事故暴露出事故企业安全意识淡薄、主体责任不落实、风险研判管控和变更管理严重缺失等突出问题。

随着石油和化工产业持续快速发展，我国危险化学品仓库储存的品种和数量不断增加，因管理或操作不当引发的安全事故时有发生，给企业和社会造成巨大损失和危害，因此加强危险化学品仓库储存安全管理，加强危险化学品仓储标准体系建设意义重大。

【任务分析】

为了加强危险化学品的安全管理，预防和减少危险化学品事故，保障人民群众生命财产安全，保护环境，制定了《危险化学品安全管理条例》。该条例适用于危险化学品生产、储存、使用、经营和运输的安全管理。

危险化学品安全管理，应当坚持安全第一、预防为主、综合治理的方针，强化和落实企业的主体责任。

生产、储存、使用、经营、运输危险化学品的单位的主要负责人对本单位的危险化学品安全管理工作全面负责。

危险化学品单位应当具备法律、行政法规规定和国家标准、行业标准要求的安全条件，建立、健全安全管理规章制度和岗位安全责任制度，对从业人员进行安全教育、法治教育和岗位技术培训。从业人员应当接受教育和培训，考核合格后上岗作业；对有资格要求的岗位，应当配备依法取得相应资格的人员。

任何单位和个人不得生产、经营、使用国家禁止生产、经营、使用的危险化学品。

国家对危险化学品的使用有限制性规定，任何单位和个人不得违反限制性规定使用危险化学品。

生产、储存危险化学品的单位，应当对其铺设的危险化学品管道设置明显标志，并对危险化学品管道定期检查、检测。

【任务目标】

① 知道危险化学品储存要求；

② 能安全管理危化品；

③ 具备规范意识、标准意识、安全意识。

【知识储备】

一、危险化学品存储

《危险化学品仓库储存通则》（GB 15603—2022）规定了危险化学品仓库储存的基本要求、储存要求、装卸搬运与堆码、入库作业、在库管理、出库作业、个体防护、安全管理、人员与培训等内容。适用于危险化学品储存、经营企业的危险化学品仓库储存管理。

1. 危险化学品储存的基本要求

危险化学品应根据化学品的性能，分区、分类、分库储存。各类危险化学品不得与禁忌物料混合存储。危险品储存方式分为三种：隔离储存、隔开储存、分离储存。

① 隔离储存。指在同一房间内或同一区域内，不同物品之间分开一定距离，非禁忌物料之间用通道保持空间的储存方式。

② 隔开储存。指在同一建筑或同一区域内，用隔板或墙，将其与禁忌物料（化学性质相抵触或灭火方法不同的化学物料）分离开的储存方式。

③ 分离储存。将危险品在不同的建筑物或远离所有建筑物的外部区域内储存的储存方式。

储存危险化学品的建筑物、区域内严禁吸烟和使用烟火。剧毒化学品仓库管理人员必须做到："四无一保"，严格遵守"五双"制度。"四无一保"即无被盗、无事故、无丢失、无违章、保安全。"五双"制度即双人收发、双人使用、双人运输、双人双锁、双本账。

危险化学品存储仓库的一般要求如图4-3所示。

2. 出入库管理要求

储存危险化学品的仓库，必须建立严格的出入库管理制度。

（1）《危险化学品安全管理条例》第二十五条明确规定：储存危险化学品的单位应当建立危险化学品出入库核查、登记制度。

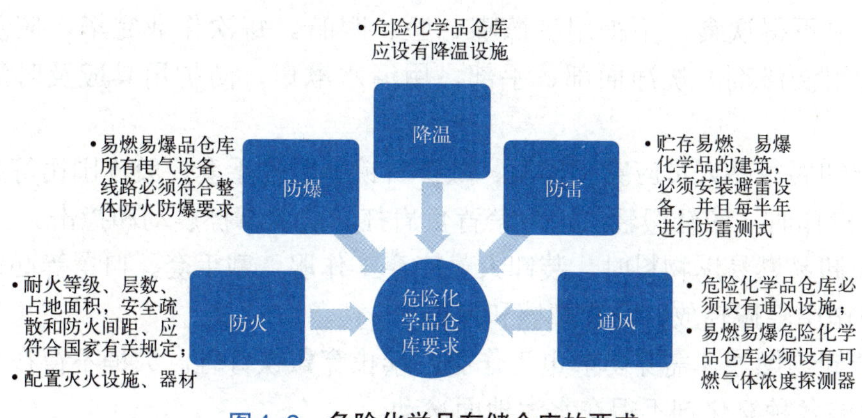

图4–3　危险化学品存储仓库的要求

（2）危险化学品出入库前均应按合同进行检查验收、登记，验收内容包括：

① 商品数量。

② 包装。按照《危险化学品安全管理条例》规定：危险化学品的包装应当符合法律、行政法规、规章的规定以及国家标准、行业标准的要求。

危险化学品包装的材质、型式、规格、方法和单件质量（重量），应当与所包装的危险化学品的性质和用途相适应，便于装卸、运输和储存。

危险化学品的包装物、容器，必须由省、自治区、直辖市人民政府经济贸易管理部门审查合格的专业生产企业定点生产，并经国务院质检部门认可的专业检测、检验机构检测、检验合格，方可使用。重复使用的危险化学品包装物、容器在使用前，应当进行检查，并做出记录；检查记录应当至少保存2年。

③ 危险标志（包括安全技术说明书和安全标签）。

经核对后方可入库、出库，当商品性质未弄清时不准入库。

（3）进入危险化学品储存区域的人员、机动车辆和作业车辆，必须采取防火措施。

进入危险化学品库区的机动车辆应安装防火罩。机动车装卸货物后，不准在库区、库房、货场内停放和修理。汽车、拖拉机不准进入易燃易爆类物品库房。进入易燃易爆类物品库房的电瓶车、铲车应是防爆型的；进入可燃固体物品库房的电瓶车、铲车，应装有防止火花溅出的安全装置。

（4）装卸、搬运危险化学品时应按照有关规定进行，做到轻装、轻卸。严禁摔、碰、撞击、拖拉、倾倒和滚动。

① 装卸对人身有毒害及腐蚀性物品时，操作人员应根据危险条件，穿戴相应的防护用品。

② 装卸毒害品人员应具有操作毒品的一般知识。操作时轻拿轻放，不得碰撞、倒置，防止包装破损商品外溢。作业人员应佩戴手套和相应的防毒口罩或面具，穿防护服。

作业中不得饮食，不得用手擦嘴、脸、眼睛。每次作业完毕，应及时用肥皂（或专用洗涤剂）洗净面部、手部，用清水漱口，防护用具应及时清洗，集中存放。

③ 装卸腐蚀品人员应穿工作服、戴护目镜、胶皮手套、胶皮围裙等必需的防护用具。操作时，应轻搬轻放，严禁背负肩扛，防止摩擦震动和撞击。

④ 装卸易燃易爆物料时，装卸人员应穿工作服，戴手套、口罩等必需的防护用具，操作中轻搬轻放、防止摩擦和撞击。

⑤ 装卸易燃液体需穿防静电工作服。禁止穿戴铁钉鞋。大桶不得在水泥地面滚动。桶装各种氧化剂不得在水泥地面滚动。

各项操作不得使用沾染异物和能产生火花的机具，作业现场须远离热源和火源。

（5）各类危险化学品分装、改装、开箱（桶）检查等应在库房外进行。

（6）不得用同一车辆运输互为禁忌的物料。包括库内运送。

（7）在操作各类危险化学品时，企业应在经营店面和仓库，针对各类危险化学品的性质，准备相应的急救药品和制定急救预案。

3. 化学危险品贮存禁忌表

危险化学品贮存禁忌如表4-1所示。

二、危险化学品的使用

在化学品使用过程中，通常离不开化学品安全技术说明书（MSDS）。MSDS是关于危险化学品燃爆、毒性和环境危害以及安全使用、泄漏应急处置、主要理化参数、法律法规等方面信息的综合性文件。通常，化学品生产商和进口商用其来阐明化学品的理化特性（如pH值、闪点、易燃度、反应活性等）以及对使用者的健康可能产生的危害（如致癌、致畸等），并告知如何进行有效防护，可以说MSDS是化学品流通的“身份证”。

MSDS的用途：出口报关报检、安全监察登记、应对客户要求、企业安全管理。

【任务实施】

小李是纯碱生产厂的一名质量分析检测人员，实验室采购了一批药品，分别是硫酸、盐酸、甲醇、液氨、苯酚，检测室王主任安排小李完成以下工作：完成上述药品的档案、补充实验药品清单，完善药品出入库记录。此外，待小李完成上述工作需向接班同事小张进行任务交底。

表 4-1　化学危险品贮存禁忌表

货物的种类和名称			配装号													
化学危险品	爆炸物	点火器材	1	1												
		起爆器材	2	×	2											
		炸药及爆炸性药品（不同品名的不得在同一车内装配）	3	×	×	3										
		其他爆炸品	4	△	×	×	4									
	压缩气体液化气体	有毒气体（液氧与液氯不得在同一车内配装）	5		×	×	×	5								
		易燃气体	6	△	×	×	△		6							
		助燃气体（氧及氧空瓶不得与油脂在同一车内配装）	7	△	×	×	△		△	7						
		不燃气体	8		×	×					8					
	易燃气体		9	△	×	×	×	×		×		9				
	易燃固体遇水自燃易燃物品	易燃固体	10		×	×	△	△		×			10			
		一级自燃物品	11	△	×	×	×	×	△	×		×	×	11		
		二级自燃物品	12		×	×	△	△	△	△		△			12	
		遇水易燃物品（不得与含水液体货物在同一车内配装）	13		×	×	×	△	△	△		△		×		13

续表

货物的种类和名称				配装号																							
化学危险品	氧化剂		有机过氧化物	14	×	×	×	×	×	△		×	×	×	×	×	×	14									
			亚硝酸盐、亚氯酸盐、次亚氯氯酸盐	15	△	△	△	△	×	×		×	×	×	×	×	×	△	15								
			其他氧化剂	16	△	△	△	△	×	×		×	×	×	×	×	×	△	△	16							
	毒害品		氰化物	17		△	△														17						
			其他毒害品	18		△	△												△	△		18					
	腐蚀物品	酸性腐蚀物品	溴气	19	△	×	×	×		△			△		×		×	×	△	△	×		19				
			硝酸、发烟硝酸、硫酸、发烟硫酸、氯磺酸	20	△	×	×	×	×	×	△	△	△	△	×	×	×	×	×	×	×		△	20			
			其他酸性腐蚀物品	21	△	×	×	△	△	△					△		△	△	△	△	×		△	△	21		
			碱性及其他酸性腐蚀物品(无水肼、水合肼不得与氧化剂配装)	22																			×			22	

注：□表示没有禁忌；△表示至少隔离2m存放；×表示不可以在同一贮存区域存放，须分离存放。

活动1：按要求完成工作安排

假设你是小李，请按要求完成王主任安排的工作。

活动2：按要求完成工作交底

假设你是小李，请跟小张进行任务交底工作。

附录：

附录1　储存的危险化学品一览表

栏号	1			2	3	4	5	6	7
序号	化学品名称			是否剧毒	危险性类别	最大储量/吨	储存、包装方式	储存地点	登记号
	商品名	化学名	俗名						

附录2　危险化学品档案

字号	化学品			CAS号	UN号	危规号	是否剧毒化学品	是否构成重大危险源	需要量/（吨/年）	最大生产能力/（吨/年）	最大储量	登记号	用途
	商品名	化学名	存放、生产地点										
1													
2													

续表

字号	化学品			CAS号	UN号	危规号	是否剧毒化学品	是否构成重大危险源	需要量/（吨/年）	最大生产能力/（吨/年）	最大储量	登记号	用途
	商品名	化学名	存放、生产地点										
3													
4													
5													
…													

附录3 化验室化学试剂分类清单

栏号	1			2		3	4	5	6	7	8
序号	化学品			危险性类别		危规号	规格	数量	包装类别	使用地点	储存地点
	商品名	化学名	俗名	类别	是否剧毒/易制毒品/腐蚀品						
1	盐酸	HCl		8.1	腐蚀品	81013	500mL	6瓶	Ⅰ	化学分析室	药品储存室
2	硫酸	H_2SO_4		8.1	腐蚀品	81007	500mL	2瓶	Ⅰ		
3	冰乙酸	CH_3COOH	无水乙酸	8.1	腐蚀品	81601	500mL	5瓶	Ⅲ		
4	甲酸	$HCOOH$	蚁酸	8.1	腐蚀品	81101	500mL	1瓶	Ⅱ		
5	硝酸	HNO_3		8.1	腐蚀品	81002	500mL	5瓶	Ⅰ		
6	无水乙醇	CH_3CH_2OH	无水酒精	3.1	易制爆	32061	500mL	4瓶	Ⅲ		
7	苯	C_6H_6		6.1	可燃/有毒	32050	500mL	2瓶	Ⅰ		
8	氢氧化钠	$NaOH$	烧碱	8.2	腐蚀品	95001	500g	11瓶	Ⅰ		
9	氯化钠	$NaCl$	食盐		否	null	500g	2瓶	Ⅲ		
10	水合肼	$N_2H_4 \cdot H_2O$	水合底氨	8.2	腐蚀品	95011	500mL	1瓶	Ⅰ		
11	过氧化氢	H_2O_2	双氧水	5.2	易制爆	81067	500mL	5瓶	Ⅱ		
12	高锰酸钾	$KMnO_4$	过锰酸钾	4.1	易制毒/易制爆	51048	500g	1瓶	Ⅱ		

续表

栏号	1			2		3	4	5	6	7	8
序号	化学品			危险性类别		危规号	规格	数量	包装类别	使用地点	储存地点
	商品名	化学名	俗名	类别	是否剧毒/易制毒品/腐蚀品						
13	二水合氯化亚锡	$SnCl_2 \cdot 2H_2O$		6.1	有毒/腐蚀品	null	500g	1瓶	I	化学分析室	药品储存室
14	碘	I_2		8.3	低毒/腐蚀品	21005	250mL	3瓶	II		
15	碘化钾	KI		8.2	否	82002	500mL	2瓶	II		
16	正丁醇	CH_3CH_2O-H_2OH_2OH	丁醇	3.1	易燃液体	33552	500mL	3瓶	II		
17	三水合乙酸铅	$Pb(CH_3COO)2 \cdot 3H_2O$	三水合醋酸铅	6.1	有毒品	61833	500g	1瓶	II		

附录4 危险化学品出入库登记表

序号	名称	规格	数量	出/入库时间	经手人	确认人

【任务评价】

评价内容	评价标准	个人评价（占20%）	他人评价（占30%）	教师评价（占50%）
危化品储存记录（20分）	内容完整、正确、符合规范、字体工整、美观、清晰			
危化品档案（20分）				
试剂清单（30分）				
出入库记录（10分）				
任务交底（20分）	内容准确、全面；表达有条理、用词得当			
总分				

【巩固练习】

谈谈通过本节内容的学习，你收获了哪些？

拓展阅读：危险化学品安全管理知识问答

问题1：什么是“两重点一重大”？

答：重点监管的危险化学品，重点监管的危险化工工艺，危险化学品重大危险源。

问题2：什么是危化企业“四项制度”？

答：风险研判每日承诺公告制度；

风险管控和隐患治理每月报告制度；

安全主题教育每季授课制度；

安全生产“一线三排”年度报告制度。

问题3：什么是危化生产“四个严禁”？

答：严禁随意变更生产品种；严禁随意变更工艺技术；

严禁抢赶工期突击生产；严禁冒险作业野蛮作业。

问题4：“一线三排”是指什么？

答：“一线”是指坚守发展决不能以牺牲人的生命为代价这条不可逾越的红线。“三排”包括事故隐患的全面排查、科学排序、有效排除。

问题5：危险化学品单位应急预案分为哪几种类型？

答：应急预案分为综合应急预案、专项应急预案和现场处置方案。

综合应急预案，是指生产经营单位为应对各种生产安全事故而制定的综合性工作方案，是本单位应对生产安全事故的总体工作程序、措施和应急预案体系的总纲。

专项应急预案，是指生产经营单位为应对某一种或者多种类型生产安全事故，或者针对重要生产设施、重大危险源、重大活动防止生产安全事故而制定的专项性工作方案。

现场处置方案，是指生产经营单位根据不同生产安全事故类型，针对具体场所、装置或者设施所制定的应急处置措施。

任务三　中毒急救

【任务引入】

【案例】陕西渭南市恒盛诺德高科技公司“11·25”中毒事故

2022年11月25日，陕西恒盛诺德高科技有限公司硫化车间北侧厂区道路发生一起硫化氢中毒事故，造成3人死亡、1人受伤。

原因：违规使用盛装过硫酸且未清洗的吨桶盛装硫化铵废水，桶内残留的硫酸与硫化铵反应，产生的硫化氢气体导致1人中毒，救援人员盲目施救造成事故扩大。

【任务分析】

硫化氢中毒治疗原则

迅速脱离现场，吸氧、保持安静、卧床休息，严密观察，注意病情变化。抢救、治疗原则以对症及支持疗法为主，积极防治脑水肿、肺水肿，早期、足量、短程使用肾上腺糖皮质激素。对中、重度中毒，有条件者应尽快安排高压氧治疗。对呼吸、心脏骤停者，立即进行心肺复苏，待呼吸、心跳恢复后，有条件者尽快进行高压氧治疗，并积极对症治疗。

【任务目标】

① 了解危险化学品对人体的伤害；
② 掌握中毒急救方法；
③ 能准确进行心肺复苏操作；
④ 能冷静、沉稳、迅速处理应急事故。

【知识储备】

化学品对人体可能造成的伤害为：中毒、窒息、化学灼伤、烧伤、冻伤等。

一、中毒

危险化学品中毒现场急救主要是除毒，减轻毒物对中毒者的进一步伤害，有毒品标识如图4-4所示，现场急救可采取以下措施：

① 对有害气体吸入性中毒者，应立即将病人脱离染毒区域，搬至空气新鲜

图4-4　有毒品标识

的地方，除去患者口鼻中的异物，解开衣物，同时注意保暖。

② 对皮肤黏膜沾染接触性中毒者，马上离开毒源，卸下中毒者随身装备，脱去受污染的衣物，用清水冲洗体表。

③ 眼内含有毒物者，迅速用生理盐水或清水冲洗5～10min。酸性毒物用2%碳酸氢钠溶液冲洗，碱性中毒用3%硼酸溶液冲洗。无药液时，用微温清水冲洗亦可。

二、窒息

窒息急救措施有：

① 脱离不良环境，松开患者身上过紧的衣服，使呼吸道顺畅。

② 轻拍患者背部或用手指清除患者口、鼻、呼吸道中的分泌物和异物。

③ 进行人工呼吸或者面罩吸氧。

④ 胸外心脏按压，建立静脉通道。

三、化学灼伤

危险化学品伤害化学性灼伤事故较多，常见的有化学性皮肤灼伤和化学性眼灼伤。

1. 化学性皮肤灼伤急救措施

（1）酸灼伤　盐酸、硫酸、硝酸造成的小面积灼伤可立即用大量流水冲洗，大面积的灼伤用5%碳酸氢钠溶液和清水冲洗，再用氧化镁、甘油糊剂外涂。氢氟酸所致的灼伤用大量清水冲洗或浸泡后，再用饱和氯化钙或25%硫酸镁溶液浸泡，亦可用10%氨水纱布包敷或浸泡，再用清水冲洗。

（2）碱灼伤　碱、浓氨水灼伤用2%醋酸溶液、清水依次冲洗至皂样物质消失为止，再用3%硼酸溶液湿敷。

（3）磷灼伤　先在水下清除磷粒，再用1%硫酸铜溶液冲洗后，立即用大量生理盐水或清水冲洗。最后用2%碳酸氢钠溶液湿敷，切忌暴露或用油脂敷料包扎。

（4）酚灼伤　清水冲洗后用30%～50%乙醇擦洗，再用饱和硫酸钠液湿敷。

2. 化学性眼灼伤现场急救措施

（1）冲洗　立即拉开上眼睑，使毒物随泪水流出，用大量清水或生理盐水反复彻底冲洗眼部，翻转眼睑，转动眼球，将结膜内的化学物质彻底洗出。洗后立即就诊。

（2）中和溶液的应用　强酸、有机磷及糜烂性毒物灼伤可用2%碳酸氢钠溶液冲洗，再以生理盐水清洗。碱性灼伤可用3%硼酸、0.5%～1%乙酸、1%乳酸、

2% 枸杞酸或3% 氯化铵溶液冲洗。

（3）去除残留物　若眼部有固体毒物颗粒附着或有被腐蚀坏死的组织冲洗不能消除时，可用粘有眼膏的棉花取之。磷烧伤，先用0.5% 硫酸铜溶液洗眼后，除去黑色的磷化铜颗粒，再进行冲洗，就近急诊。

四、烧伤

① 当人员发生烧伤时，应迅速将患者衣服脱去（顺衣缝剪开），进行“创面冷却疗法”。

② 不要任意弄破水泡，用清洁布覆盖创伤面，避免创面感染。

③ 患者口渴时，可口服淡盐水或烧伤饮料。

五、冻伤

① 脱离低温环境。脱掉湿冷冻结的衣服，将患者安置在温暖的环境。动作要求轻柔缓慢，避免患者软组织损伤和骨折。

② 体外被动复温。面部进行温湿敷，受冻肢体及全身浸泡于38～43℃热水中，注意保持水温。严禁火烤、冷水浸泡或猛力拍打受冻部位。

六、危险化学品中毒现场急救法

1. H_2SO_4 运输泄漏应急处理

泄漏应急处理：迅速撤离泄漏污染区人员至安全区，并进行隔离，严格限制出入。建议应急处理人员戴自给正压式呼吸器，穿防酸碱工作服。不要直接接触泄漏物。尽可能切断泄漏源，防止进入下水道、排洪沟等限制空间。

小量泄漏：用沙土、干燥石灰或苏打灰混合。也可以用大量水冲洗，洗水稀释后放入废水系统。

大量泄漏：构筑围堤或挖坑收容；用泵转移至槽车或专用收集器内，回收或运至废物处理所处置。

急救措施：

① 皮肤接触：脱去被污染的衣着，用大量的流动清水冲洗。

② 眼睛接触：立即提起眼睑，用大量流动清水或生理盐水彻底冲洗至少15分钟。就医。

③ 吸入：迅速脱离现场至空气新鲜处。保持呼吸道通畅。如呼吸困难，给输氧。如呼吸停止，立即进行人工呼吸。就医。

④ 食入：误用者用水漱口，给饮牛奶或蛋清。就医。

2. 氯气中毒急救措施

氯气属剧毒品，室温下为黄绿色不燃气体，有刺激性，加压液化或冷冻液化后，为黄绿色油状液体。氯气易溶于二硫化碳和四氯化碳等有机溶剂，微溶于水。溶于水后，生成次氯酸（HClO）和盐酸，不稳定的次氯酸迅速分解生成活性氧自由基，因此水会加强氯的氧化作用和腐蚀作用。氯气能和碱液（如氢氧化钠和氢氧化钾溶液）发生反应，生成氯化物和次氯酸盐。氯气在高温下与一氧化碳作用，生成毒性更大的光气。氯气能与可燃气体形成爆炸性混合物，液氯与许多有机物如烃、醇、醚、氢气等发生爆炸性反应。氯作为强氧化剂，是一种基本有机化工原料，用途极为广泛，一般用于纺织、造纸、医药、农药、冶金、自来水杀菌剂和漂白剂等。

（1）急救措施

① 皮肤接触时，按酸灼伤进行处理。应立即脱去污染的衣着，用大量流动清水冲洗。氯痤疮可用地塞米松软膏涂患处。

② 眼睛接触时，提起眼睑，用流动清水或生理盐水彻底冲洗，滴眼药水。

③ 若吸入，则应迅速脱离现场至空气新鲜处。如果呼吸心跳停止，应立即进行人工呼吸和胸外心脏按压术。

（2）泄漏处置　迅速撤离泄漏污染区人员至上风处，并立即进行隔离，根据现场的检测结果和可能产生的危害，确定隔离区的范围，严格限制出入。一般地，小量泄漏的初始隔离半径为150m，大量泄漏的初始隔离半径为450m。应急处理人员应佩戴正压自给式空气呼吸器，穿防毒服。尽可能切断泄漏源。泄漏现场应去除或消除所有可燃和易燃物质，所使用的工具严禁粘有油污，防止发生爆炸事故。防止泄漏的液氯进入下水道。合理通风，加速扩散。喷雾状碱液吸收已经挥发到空气中的氯气，防止其大面积扩散，导致隔离区外人员中毒。严禁在泄漏的液氯钢瓶上喷水。构筑围堤或挖坑收容所产生的大量废水。如有可能，用铜管将泄漏的氯气导至碱液池，彻底消除氯气造成的潜在危害。可以将泄漏的液氯钢瓶投入碱液池，碱液池应足够大，碱量一般为理论消耗量的1.5倍。实时检测空气中的氯气含量，当氯气含量超标时，可用喷雾状碱液吸收。

【任务实施】

心肺复苏术（CPR）是针对心脏、呼吸停止的患者，采取心脏按压和人工呼吸等一系列操作，来挽救生命的救命技术。

心脏骤停后，将发生以下过程：

① 心脏骤停10秒，病人意识丧失；

② 心脏骤停30秒，呼吸停止；

③ 心脏骤停4～6分钟，脑细胞死亡，且不可逆转；

④ 心脏骤停大于10分钟，全脑死亡。

人的心脏骤停发生后4～6分钟内，如果有身边的人为其进行有效的心肺复苏，那将是患者能够得到有效救治的关键所在。如果仅仅依靠120医疗救援，患者已经基本失去了挽救生命的希望，即使被救活，也会并发各种严重的后遗症。

心肺复苏是一项非常成熟、安全、有效的救命技能，经过规范的培训，大众是可以掌握和操作这项救命技能的。

如果遇到身边有人晕倒发生心脏骤停，应立即采取以下措施：

① 评估环境是否安全，做好防护，帮助患者脱离危险环境。

② 评估患者：双手轻拍患者双肩，俯身在其两侧耳边高声呼唤，如对方无反应，可判断为无意识。当患者无意识时，应立即检查患者有无呼吸，采用“听、看、感觉”的方法，将耳朵贴近患者口鼻，听患者有无呼吸声；观察患者的胸腹部有无起伏；用面颊感觉患者呼吸的气流。

③ 立即呼救，请旁人协助拨打120并取来自动除颤仪（AED）。

④ 心肺复苏：包括胸外按压（C：compression）、开放气道（A：airway）和人工呼吸（B：breathing）三项技术。心肺复苏操作见图4-5。

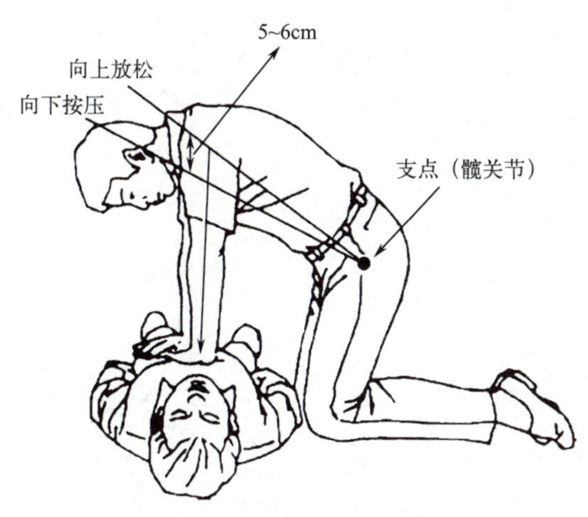

图4-5　心肺复苏操作

M4-1　心肺复苏操作程序

a. 对于成人患者，实施心肺复苏的顺序为“C-A-B”，对于婴幼儿和溺水等窒息原因造成的心脏骤停患者，实施心肺复苏的顺序为“A-B-C”。

b. 胸外按压（C）：按压部位为两乳头连线的中点，按压频率为每分钟至少100次，按压深度为5～6cm。

c. 开放气道（A）：当患者无颈椎损伤时，采用仰头抬颌法开放气道。操作方法：患者取仰卧位，施救者位于患者一侧，将一只手放在患者前额用力使头后仰，另一只手将下颌骨向上提起，使下颌尖、耳垂连线与地面垂直。

d. 人工呼吸（B）：口对口人工呼吸，施救者正常呼吸，用按前额手的食指和拇指捏住患者鼻翼，将口罩住患者的口，将气吹入患者口中后，松开食指和拇指。每次吹气的时间应持续1秒以上，每次吹气量约500～600mL，看到胸廓有明显的起伏。

注意事项：

① 胸外心脏按压与人工通气的比值为30∶2；每5个周期后评估患者的生命体征。

② 双人或多人在场实施心肺复苏时，应每2分钟或5个周期后更换按压者。施救者应在10秒内完成转换。

③ 必须坚持持续给予心肺复苏，直至有专业急救人员接手，方可停止，为抢救赢得宝贵时间。

活动：按要求进行中毒应急救援演练

以6人为一组，结合中毒急救相关内容，自构故事情境，进行应急演练。要求：情境合理、开展有序、职责明确，具有可操作性，能开展应急演练。

【任务评价】

评价内容	评价标准	组内评价（占 20%）	组间评价（占 30%）	教师评价（50%）
考勤及课堂表现	1. 能按时上课，不迟到、不早退（5 分） 2. 上课状态良好，积极回答问题（5 分）			
故事情境	1. 具有完整性、符合逻辑（20 分） 2. 表述恰当、用词准确（10 分） 3. 字体工整、整洁（5 分）			
应急演练	1. 方法选择正确、操作准确（20 分） 2. 职责明确、分工合理、协作得当（20 分） 3. 表现突出，具有可推广性（15 分）			
总分				

【巩固练习】

用思维导图总结危险化学品相关知识点。

拓展阅读：液氨事故急救措施

液氨，又称为无水氨，是一种无色液体。为运输及储存便利，通常将气态的氨气通过加压或冷却得到液态氨。氨易溶于水，溶于水后形成氢氧化铵的碱性溶液。具有腐蚀性，且容易挥发。气氨相对密度（空气为1）：0.59，液氨相对密度（水为1）：0.7067（25℃），自燃点：651.11℃，沸点：−33.4℃。

如果患者只是单纯接触氨气，并且没有皮肤和眼的刺激症状，则不需要清除污染。假如接触的是液氨，并且衣服已被污染，应将衣服脱下并放入双层塑料袋内。

如果眼睛接触或眼睛有刺激感，应用大量清水或生理盐水冲洗20分钟以上。如在冲洗时发生眼睑痉挛，应慢慢滴入1～2滴0.4%奥布卡因，继续充分冲洗。如患者戴有隐形眼镜，又容易取下并且不会损伤眼睛的话，应取下隐形眼镜。应对接触的皮肤和头发用大量清水冲洗15分钟以上。冲洗皮肤和头发时要注意保护眼睛。应立即将患者转移出污染区，对病人进行复苏三步法（气道、呼吸、循环）：

气道：保证气道不被舌头或异物阻塞。

呼吸：检查病人是否有呼吸，如无呼吸可用袖珍面罩等提供通气。

循环：检查脉搏，如没有脉搏应实行心肺复苏。

如皮肤接触氨，会引起化学烧伤，可按热烧伤处理：适当补液，给止痛剂，维持体温，用消毒垫或清洁床单覆盖创面。如果皮肤接触高压液氨，要注意冻伤。

1.泄漏处置

（1）少量泄漏　撤退区域内所有人员，防止吸入蒸气，防止接触液体或气体。处置人员应使用呼吸器。禁止进入氨气可能汇集的局限空间，并加强通风。只能在保证安全的情况下堵漏。泄漏的容器应转移到安全地带，并且仅在确保安全的情况下才能打开阀门泄压。可用砂土、蛭石等惰性吸收材料收集和吸附泄漏物。收集的泄漏物应放在贴有相应标签的密闭容器中，以便废弃处理。

（2）大量泄漏　疏散场所内所有未防护人员，并向上风向转移。泄漏处置人员应穿全身防护服，戴呼吸设备。消除附近火源。禁止接触或跨越泄漏的液氨，防止泄漏物进入阴沟和排水道，增强通风。场所内禁止吸烟和明火。在保证安全的情况下，要堵漏或翻转泄漏的容器以避免液氨漏出。要喷雾状水，以抑制蒸气或改变蒸气云的流向，但禁止用水直接冲击泄漏的液氨或泄漏源。防止泄漏物进入水体、下水道、地下室或密闭性空间。禁止进入氨气可能汇集的受限空间。清洗以后，在储存和再使用前要将所有的保护性服装和设备洗消。

2. 燃烧爆炸处置

（1）燃烧爆炸特性　常温下氨是一种可燃气体，但较难点燃。爆炸极限为16%～25%，最易引燃浓度为17%。产生最大爆炸压力时的浓度为22.5%。

（2）火灾处理措施　在贮存及运输使用过程中，如发生火灾应采取以下措施：

① 隔离、疏散、转移遇险人员到安全区域，建立500m左右警戒区，并在通往事故现场的主要干道上实行交通管制，除消防及应急处理人员外，其他人员禁止进入警戒区，并迅速撤离无关人员。

② 消防人员进入火场前，应穿着化学防护服，佩戴正压式呼吸器。氨气易穿透衣物，且易溶于水，消防人员要注意对人体排汗量大的部位，如生殖器官、腋下、肛门等部位的防护。

③ 小火灾时用干粉或CO_2灭火器，大火灾时用水幕、雾状水或常规泡沫灭火。

④ 储罐发生火灾时，尽可能远距离灭火或使用遥控水枪或水炮扑救。

⑤ 切勿直接对泄漏口或安全阀门喷水，防止产生冻结。

⑥ 安全阀发出声响或变色时应尽快撤离，切勿在储罐两端停留。

项目五

危险源辨识

任务一　风险辨识

【任务引入】

海因里希法则是美国著名安全工程师海因里希（Herbert William Heinrich）提出的300∶29∶1法则（图5-1）。意为：当一个企业有300起隐患或违章，非常可能要发生29起轻伤或故障，另外还有1起重伤、死亡事故。

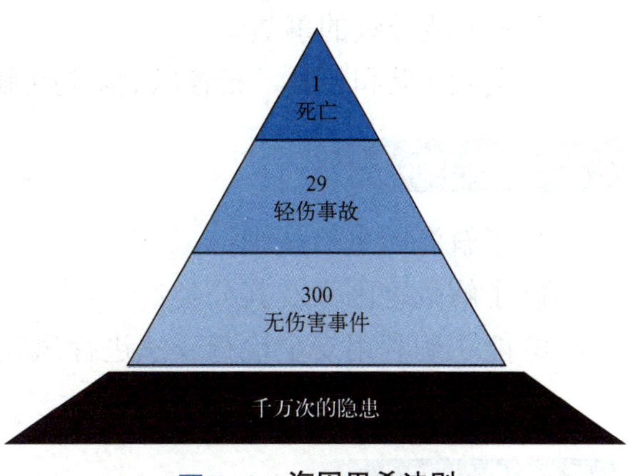

图5-1　海因里希法则

这个法则是海因里希耗费三十多年，基于对他的雇主（一家大型保险公司）统计了55万件机械事故，其中死亡、重伤事故1666件，轻伤48334件，其余则为无伤害事故，于1941年得出的结论。这个统计规律说明了在进行同一项活动中，无数次意外事件，必然导致重大伤亡事故的发生。

海因里希法则解读：

① 事故的发生是无数个轻微量变的结果，要防微杜渐。

② 再完美的技术和制度，在实际操作层面，也无法取代人自身的素质和责任心。

③ 任何事故都是可以预防的。

在企业风险管理领域，海因里希法则具有两项非常重要的价值，足以超越它的定义和比例本身：

① 海因里希法则明确地将风险的起源指向不安全行为或者不规范操作，这为企业避免和减少风险事故的发生提供了方向。

② 海因里希法则向我们揭示了人们对风险产生麻痹思想的根源，即不安全行为或者不规范操作90%不会导致风险事故的发生。

【任务分析】

风险辨识是安全风险分级管控的前提和基础，其目的是要识别出企业生产活动中存在的各种危险有害因素、可能导致的事故类型及其原因、影响范围和潜在后果。

常用的风险辨识方法有：

① 物的状态环境及管理的因素　推荐以安全检查表法（SCL）对各个作业单元的物的状态、环境及管理的因素进行辨识。根据划分的作业单元，从基础管理、选址布局、工艺管理、设备管理、电气系统、仪表系统、危险化学品管理、储运系统、消防系统、公用工程系统等方面，制订安全检查表。

② 人的行为　推荐以作业危害分析法（JHA）编制作业活动表，将作业活动分解为若干个相连的工作步骤，辨识每个工作步骤的危险有害因素、人的不安全行为和可能导致的事故。

③ 危险工艺和装置　推荐以危险与可操作性分析法（HAZOP）等方法进行辨识。

【任务目标】

① 了解海因里希法则；

② 了解危害因素及其分类；

③ 能正确利用安全检查表法进行风险辨识；

④ 培养忧患意识、预防意识。

【知识储备】

一、风险辨识的相关定义

危险源是指可能导致人身伤害和（或）健康损害（财产损失）的根源、状态或行为，或其组合。

健康损害是指可确认的，由工作活动和（或）工作相关状况引起或加重的身体或精神的不良状态。

危险源辨识是指识别危险源并确定其特性的过程，主要是对危险源的识别，对其性质加以判断，对可能造成的危害、影响提前进行预防。

风险是指发生危险事件或有害暴露的可能性，与随之引发的人身伤害或健康损害的严重性的组合。

可容许的风险是指根据组织的法律义务和职业健康安全方针，已降至组织可接受程度的防线。

风险评价是指对危险源导致的风险进行评估、对现有控制措施的充分性加以考虑以及对风险是否可接受予以确定的过程。

二、危险源的分类

按导致事故和职业危害的直接原因进行分类，共分为六类：

1. 物理性危险源

① 设备、设施缺陷（强度不够、刚度不够、稳定性差、密封不良、应力集中、外形缺陷、外露运动件、制动器缺陷、设备设施其他缺陷），例如脚手架、支撑架强度、刚度不够，厂内机动车辆制动不良，起吊钢丝绳磨损严重。

② 防护缺陷（无防护、防护装置和设施缺陷、防护不当、支撑不当、防护距离不够、其他防护缺陷），例如梭矿传动链条无防护罩、洞内爆破作业安全距离不够。

③ 电危害（带电部位裸露、漏电、雷电、静电、电火花、其他电危害），例如电线接头未包扎、化纤服装在易燃易爆环境中产生静电。

④ 噪声危害（机械性噪声、电磁性噪声、液体动力性噪声、其他噪声），例如手风钻、空压机、通风机工作时发出的噪声。

⑤ 振动危害（机械性振动、电磁性振动、液体动力性振动、其他振动），例如手风钻工作时的振动。

⑥ 电磁辐射（电离辐射：X射线、γ 射线、α 粒子、β 粒子、质子、中子、高能电子束等；非电离辐射：紫外线、激光、射频辐射、超高压电场），例如核子密度仪、激光导向仪发出的辐射。

⑦ 运动物危害（固体抛射物、液体飞溅物、反弹物、岩土滑动、堆料垛滑动、气流卷动、冲击地压、其他运动危害）。

⑧ 明火。

⑨ 能造成灼伤的高温物质（高温气体、高温固体、高温液体、其他高温物质），例如气割产生的高温颗粒。

⑩ 能造成冻伤的低温物质（低温气体、低温固体、低温液体、其他低温物质），例如液氮、液氧泄漏。

⑪ 粉尘与气溶胶（不包括爆炸性、有毒性粉尘与气溶胶）；例如洞内二氧化硅粉尘。

⑫ 作业环境不良（作业环境不良、基础下沉、安全过道缺陷、采光照明不良、有害光照、通风不良、缺氧、空气质量不良、给排水不良、涌水、强迫体

位、气温过高、气温过低、气压过高、气压过低、高温高湿、自然灾害、其他作业环境不良）。

⑬ 信号缺陷（无信号设施、信号选用不当、信号位置不当、信号不清、其他信号缺陷）。

⑭ 标志缺陷（无标志、标志不清楚、标志不规范、标志选用不当、标志位置缺陷、其他标志缺陷）。

⑮ 其他物理性危险因素与危害因素。

2. 化学性危险因素与危害因素

① 易燃易爆性物质（易燃易爆性气体、易燃易爆性液体、易燃易爆性粉尘与气溶胶、其他易燃易爆性物质），例如火工品、瓦斯。

② 自燃性物质，例如煤。

③ 有毒物质（有毒气体、有毒液体、有毒固体、有毒粉尘与气溶胶、其他有毒物质），例如沥青熔化过程中产生的毒气。

④ 腐蚀性物质（腐蚀性气体、腐蚀性液体、腐蚀性固体、其他腐蚀性物质），例如充电液中的硫酸。

⑤ 其他化学性危险因素与危害因素。

3. 生物性危险因素与危害因素

① 致病微生物（细菌、病毒、其他致病微生物）。

② 传染病媒介物。

③ 致害动物。

④ 致害植物。

⑤ 其他生物性危险因素与危害因素。

4. 心理、生理危险因素与危害因素

① 负荷超限（体力负荷超限、听力负荷超限、视力负荷超限、其他负荷超限）。

② 健康状况异常。

③ 从事禁忌作业。

④ 心理异常（情绪异常、冒险心理、过度紧张、其他心理异常）。

⑤ 辨识功能缺陷（感知延迟、辨识错误、其他辨识功能缺陷）。

⑥ 其他心理、生理性危险因素与危害因素。

5. 行为性危险因素与危害因素

① 指挥错误（指挥失误、违章指挥、其他指挥失误）。

② 操作失误（失误操作、违章作业、其他操作失误）。

③ 监护失误。

④ 其他错误。

6. 其他行为性危险因素与危害因素

非上述5类危险源的，归入其他行为性危险因素与危害因素。

【任务实施】

活动1：完成手持式灭火器安全检查表

以身边的灭火器为例，完成灭火器的安全检查，并将检查结果填入表中。

序号	检查项目	检查结果	
		是	否
1	外壳是否腐蚀或积尘严重		
2	是否在检测有效期内		
3	铅封是否完好		
4	软管和喷嘴是否完好		
5	压力指针是否在压力表的蓝色区域		
6	气粉数量是否充足		
7	安全销和铅封是否完好		
8	灭火器种类是否符合环境灭火需要		
9	灭火器放置是否符合要求		

活动2：完成化工实训车间风险辨识清单

根据下表示例，完成化工实训车间风险辨识清单（安全风险辨识清单应包括风险源名称、所在位置、可能导致后果等内容）。

序号	风险位置	设备设施	风险描述 / 风险名称	可能造成的危险或危害
1	××车间	调漆间	1. 有机溶剂挥发性气体积聚	火灾爆炸
			2. 防静电措施失效	火灾爆炸
			3. 有机溶剂灼伤	灼烫
			4. 金属物品割伤	机械伤害
			…	
2				

续表

序号	风险位置	设备设施	风险描述 / 风险名称	可能造成的危险或危害
3				
4				
5				
6				
7				
…				

【任务评价】

评价内容	评价标准	自评 （占 20%）	他评 （占 30%）	师评 （50%）
考勤及课堂表现	1. 能按时上课，不迟到、不早退（5 分） 2. 上课状态良好，积极回答问题（5 分）			
安全检查表（30 分）	1. 根据实际情况能做出正确检查（每项 3 分） 2. 字体工整、整洁（3 分）			
风险辨识清单（60 分）	1. 风险辨识分类准确、符合实际情况（30 分） 2. 内容准确、全面、重点突出（20 分） 3. 字体工整、整洁（10 分）			
总分				

【巩固练习】

谈谈学习收获与感受。

I（I 我） 我学到了什么？	P（peer 同伴） 同伴学到了什么？	N（new 新的） 我在同伴的启发下有哪些新的收获？

拓展阅读：三种常用风险分析方法简介

常用风险分析方法有安全检查表（SCL）、工作安全分析（JSA）、危险与可操作性分析（HAZOP）。

1. 安全检查表

SCL是一种定性分析方法，通过对分析对象预先准备的若干内容清单，来逐一进行分析。

① 适用行业：SCL是一种普适性的分析方法，在各行业均可应用。

② 适用专业：SCL背后的逻辑原理适用于所有专业。

③ 适用业务周期：当用于安全生产领域时，SCL主要用于开停车、设备管理、变更管理、隐患排查等阶段。

④ 其他：SCL的难点不在于执行过程，而在于清单内容的获取，需要根据不同的分析/检查对象准备不同的内容。同理，SCL也是经验依赖型的方法。

2. 工作安全分析

JSA是一种结构化的定性风险分析方法，用于识别作业活动中各作业步骤存在的风险并制定相应的安全对策。

① 适用行业：JSA典型运用在非连续性作业场景的风险分析，如岗位操作危险作业、大型或复杂的任务等。JSA既可以用于各类工业行业，也可以用于管理领域。

② 适用专业：在工业企业，JSA主要用于安全和消防专业。

③ 适用业务周期：当用于安全生产领域时，JSA主要用于施工作业、岗位操作、开停车、应急处理等阶段。

④ 其他：在安全生产领域，HAZOP等风险分析的结果可以作为JSA的信息参考。

3. 危险与可操作性分析

HAZOP是一种典型的定性风险分析方法，核心思想是针对分析对象提出一系列的偏差（可能发生的异常情况），然后针对这些偏差逐一分析偏差发生的原因和偏差可能导致的后果，并提出针对性的对策。

① 适用行业：HAZOP多用于流程工业，如石油、化工、制药等，也可用于离散工业及其他行业。

② 适用专业：对于流程工业的风险分析而言，HAZOP主要运用在工艺和安全相关专业领域；此外，HAZOP可用于业务流程（如应急程序）的风险分析；HAZOP也可用于软件、硬件的研发过程及工程领域，如新能源汽

车的研发。

③ 适用业务周期：当用于安全生产领域的风险分析时，HAZOP可用于工程设计、新改扩工程、工艺安全管理、变更管理、装置设备停用等阶段。

④ 其他：对于安全生产领域而言，进行HAZOP分析时往往需要组织一个团队，由工艺、设备、生产、安全等不同业务的人共同参与，分析过程相对比较漫长；对组织者的素质要求相对较高。

任务二　学习工作危害分析法

【任务引入】

首先我们来看一个简单的例子，梯子使用过程的作业危害分析（表5-1）。

M5-1　梯子使用过程中的作业危害分析

表5-1　梯子使用过程的作业危害分析

步骤	危害因素	风险后果	控制措施
第一步：工具检查	梯子存放时放置不稳砸伤人	物体打击	梯子按规定存放并由保管员进行检查
第二步：将梯子搬运至使用地点	搬运过程中，人员姿势或梯子方位不正确	物体打击	明确操作要求并培训，搬运过程中，前端头向下，两人搬运，提醒周围人员避让
第三步：梯子放置	梯子太重，人员放置过程中倒下砸伤人	物体打击	明确操作要求并培训，过重的梯子由两人配合放置
	梯子放置角度太大或太小，使用过程中滑倒	高处坠落	明确操作要求并培训，梯子倾斜角度保持60°～70°
	梯子高度不够，人员攀柜过高或离开梯子支撑	高处坠落	明确操作要求并培训，梯子高度超过作业面1m左右，不得超过梯子高度进行作业
第四步：梯子使用	梯子太软，人员上下站立不稳	高处坠落	梯子两边用钢管加固，明确操作要求并培训，梯子使用时有人监护
	梯子太高易倾覆	高处坠落	明确操作要求并培训，梯子上有人作业时，下方应有人看扶监护
	梯子可能不完好、损坏，导致人员在使用过程中跌落	高处坠落	使用前对工具进行检查，管理人员经常维护检查

在工业生产中，我们应该学会如何在工作过程中进行作业危害分析。

【任务分析】

开展作业危害分析能够辨识原来未知的危害，增加员工职业安全健康方面的知识，可有效地预防事故发生，减少财产损失、人员伤亡和伤害。安全评价与日常安全管理和安全监督监察工作不同，可促进操作人员与管理者之间的信息交流，安全评价是从技术上带来的负效应出发，分析、论证和评估由此产生的损失和伤害的可能性、影响范围、严重程度及应采取的对策措施等。

安全评价的方法有许多种，总体归纳为以下两大类。

1. 定性安全评价

主要根据平时生产中的经验和直观判断能力，对生产系统中的工艺、设备设施、环境、人员和管理等方面的状况进行定性的分析，其结果是一些定性的指标，如是否达到某项安全指标、事故类别和导致事故发生的因素等。

属于定性安全评价方法常见的有：工作危害分析法（JHA）、安全检查表（SCL）、专家现场询问观察法、因素图分析法、事故引发和发展分析、作业条件危险性评价法（LEC法）、危险与可操作性研究（HAZOP分析法）等。

2. 定量安全评价法

定量安全评价法是运用大量的实验结果和广泛的事故资料统计分析获得的指标或规律（数学模型），对生产系统的工艺、设备、设施、环境、人员和管理等方面的状况进行定量的计算，安全评价的结果是一些定量的指标，如事故发生的概率、事故的伤害（或破坏）范围、定量的危险性、事故致因因素的事故关联度或重要度等。

定量安全评价常用方法：

① 概率风险评价法：如故障类型及影响分析（失效模式FMEA）、故障树（事故树FTA）分析等；

② 伤害（或破坏）范围评价法：如事故后果计算模型；

③ 危险指数评价法：如陶氏化学公司（DOW）火灾爆炸危险指数评价法，蒙德火灾爆炸毒性指数评价法，易燃、易爆、有毒重大危险源评价法等。

在进行安全评价时，应该在认真分析并熟悉被评价系统的前提下，选择一个安全评价方法。选择安全评价方法应遵循充分性、适应性、系统性、针对性和合理性的原则。

【任务目标】

① 知道作业危害分析过程；

② 能正确进行作业危害分析；

③ 培养分析、解决问题的能力。

【知识储备】

一、工作危害分析法

工作危害分析（JHA）又称作业安全分析、作业危害分解，是针对某项作业活动的各个步骤，识别可能产生的危害，制定相应的风险消除、消减和控制措施，并告知所有参与作业人员的工作方法。

工作危害分析法的优点：

① 是一种半定量评价方法；

② 简单易行，操作性强；

③ 分解作业步骤，比较清晰；

④ 有别于掌握每一步骤的危险情况，不仅能分析作业人员不规范的危害，而且能分析作业现场存在的潜在危害（客观条件）。

此方法适用于涉及手工操作的各种作业，具体实施过程如图5-2所示。

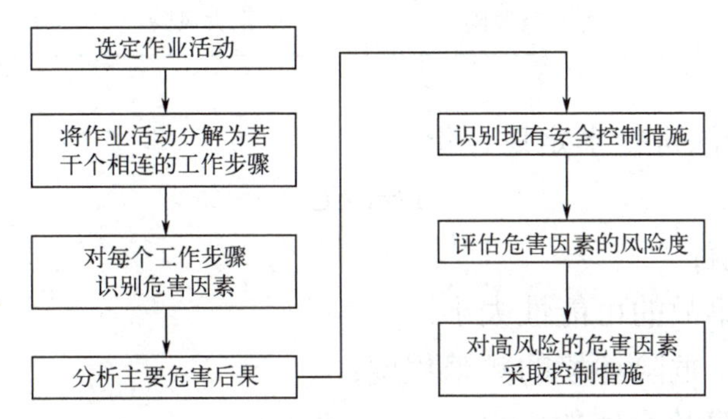

图5-2　作业活动危害分析流程

二、作业步骤

第一步：确定（或选择）待分析的作业活动。

第二步：分解作业步骤。

① 把正常的作业分解为几个主要步骤，即首先做什么、其次做什么等；

② 用几个文字说明一个步骤，只说做什么，不说如何做；

③ 进行班组集体讨论。

第三步：识别每一步骤潜在的主要危害和后果。

识别时思路：即辨识危害应该思考的问题是什么？可能发生的故障或错误是什么？其后果如何？事故是怎样发生的？其他的影响因素有哪些？发生的可能性？

① 谁会受到伤害（人、财产、环境）？

② 伤害的后果是什么？

③ 找出造成伤害的原因。

第四步：识别现有安全控制措施。

① 管理措施：即组织措施、技术措施。

② 人员胜任：是否岗前培训？特种作业持证上岗。

③ 安全设施：机械防护设施，监视、测量设备，个体防护用品。

第五步：进行风险评价。

一般穿插定量分析法中的矩阵法（表5-2）予以补充。

表5-2　定量分析法中的矩阵法

可能性	后果		
	轻微伤害	伤害	严重伤害
极不可能	可忽略风险	可忽略风险	中度风险
不可能	可容许风险	中度风险	重大风险
可能	可忽略风险	重大风险	不可容许风险

结合LEC评价法进行半定量评价：

$$D=LEC$$

式中　D——风险值；

L——发生事故的可能性大小；

E——暴露于危险环境的频繁程度；

C——发生事故产生的后果。

L、E、C分值分别按照表5-3～表5-5确定。

表5-3　事故发生的可能性（L）

分数值	事故发生的可能性	分数值	事故发生的可能性
10	完全可以预料	0.5	很不可能
6	相当可能	0.2	极不可能
3	可能，但不经常	0.1	实际不可能
1	可能性小，完全意外		

注：事故发生的可能性是指存在某种情况时发生事故的可能性有多大，而不是指这种情况在该企业出现的可能性有多大。如：车辆带病运行时，出现事故的可能性有多大（L值应为6或10），而不是指该企业车辆带病运行的可能性有多大（此时L值为3或1）。

表5-4　暴露于危险环境的频繁程度（E）

分数值	频繁程度	分数值	频繁程度
10	连续暴露	2	每月一次暴露
6	每天工作时间内暴露	1	每年几次暴露
3	每周一次	0.1	非常罕见的暴露

表5-5　**发生事故产生的后果（*C*）**

分数值	可能出现的结果	
	经济损失/万元	伤亡人数
100	200以上	死亡10～29人、重伤50人以上
40	100～200	死亡3～9人、重伤10～49人
15	50～100	死亡1～2人、重伤3～9人
7	10～50	一次重伤1～2人
3	1～10	多人轻伤
1	1以下	少量人员轻伤

危险源风险评价结果分为极其危险、高度危险、显著危险、一般危险、稍有危险五个等级，具体划分见表5-6。

表5-6　**风险等级划分**

*D*值	危险程度
>320	极其危险，不能继续作业
160～320	高度危险，需立即整改
70～160	显著危险，需要整改
20～70	一般危险，需要注意
<20	稍有危险，可以接受

注：D>70的危险源列为重大安全风险。

第六步：提出安全措施建议。

① 设施设备的本质安全。

② 安全防护设施。

③安全监控、报警系统。

④ 工艺技术及流程。

⑤ 操作技术、防护用品。

⑥ 监督检查、人员培训。

【任务实施】

活动：按要求完成作业危害分析表

结合传热单元操作装置，选择作业内容，完成作业危害分析表。

工作危害分析（JHA）记录表

工作/任务：__________　　区域/工艺过程：__________　　编号：__________

分析人员：__________　　日　期：__________

序号	工作步骤	危害或潜在事件	主要后果	现有安全控制措施	*L*	*S*	风险度（*R*）	建议改正/控制措施

【任务评价】

评价内容	评价标准	组内评价（占 20%）	组间评价（占 30%）	教师评价（50%）
考勤及课堂表现	1. 能按时上课，不迟到、不早退（5 分） 2. 上课状态良好，积极回答问题（5 分）			
作业步骤分解	1. 具有完整性、符合逻辑（20 分） 2. 表述恰当、用词准确（10 分） 3. 字体工整、整洁（5 分）			
危害分析	1. 分析全面、预防措施得当（20 分） 2. 职责明确、分工合理、协作得当（20 分） 3. 表现突出，具有可推广性（15 分）			
总分				

【巩固练习】

谈谈通过作业危害分析，给你的启发有哪些？

拓展阅读：焊接作业和运输作业的工作危害分析示例

焊接作业和运输作业是生活中最常见的作业之一。在作业前进行危害分析，明确存在危险因素，提出改正控制措施，可降低甚至避免危险的发生，可有效确保安全生产。下面通过二氧化碳气体保护焊作业、车辆运输作业工作危险分析记录表，介绍作业工作步骤、危害因素、造成的主要后果、现有安全控制措施、风险度、建议改正/控制措施等。

工作危险（JHA）分析记录表1

单位：××××　　区域/工艺过程：储罐、钢结构焊接

工作/任务：二氧化碳气体保护焊作业　　编写日期：2020年1月1日

分析人员及岗位：××××

序号	工作步骤	危害因素	主要后果	现有安全控制措施	*L*	*S*	风险度（*R*）	建议改正/控制措施
1	设备使用前的检查	易发生人员触电、设备不能使用	造成人员触电伤害、设备无法使用，影响施工焊接	无	4	5	20	1. 焊工在使用设备之前，应对单台设备进行试焊，重点检查半自动焊机、送丝机运转是否正常，有无漏电现象存在。 2. 操作线、把线、CO_2气体表是否完好齐全
2	电源线与半自动焊机的连接	易发生人员触电、设备短路	造成人员触电伤害	无	4	5	20	1. 电源线在与自动焊设备连接时，应由专业维修电工负责安装，任何人员不得擅自连接。 2. 专业维修电工在连接好电源线之后，使用前应检查连接是否符合要求。设备是否存在反转现象，运转是否正常

续表

序号	工作步骤	危害因素	主要后果	现有安全控制措施	L	S	风险度（R）	建议改正 / 控制措施
3	焊接过程中	易发生施工人员触电、设备损坏、窒息	造成人员触电伤害、财产损失	无	5	5	25	1. 二氧化碳气体保护焊气体预热器的端部电压不得大于36V。 2. 二氧化碳气瓶应用支架立放在阴凉处，环境温度不应大于30℃。 3. 送丝机机构、电路、二氧化碳气体管及冷却水管不得有卡丝、漏电、漏气、漏水等现象。 4. 焊工在焊接过程中，应随时检查焊接设备性能是否稳定，出现异常现象应及时找现场专业维修电工进行维修处理
4	焊接结束	易发生施工人员触电	造成人员触电伤害	无	3	5	15	1. 焊工在焊接结束时，首先关闭送丝机电源，然后关闭自动焊电源和漏电保护器。 2. 送丝机、操作线、把线等物件，应妥善放置在安全位置，防止损坏。 3. 检查焊接区域是否有明火，待检查无任何明火后，方可离开

工作危险（JHA）分析记录表2

单位：××××　　　　区域/工艺过程：车辆运输

工作/任务：车辆运输作业　　　　编写日期：2020年1月1日

分析人员及岗位：××××

序号	工作步骤	危害因素	主要后果	现有安全控制措施	*L*	*S*	风险度（*R*）	建议改正/控制措施
1	出车前对车辆检查	易发生交通事故	造成人员伤亡、财产损失	车辆管理规定、国家交通管理规定	3	5	15	1. 驾驶员必须是持双证合格司机，无双证人员严禁上岗开车。 2. 车况良好，实行班前自检、周检、月检制度。特别重点检查刹车是否灵敏，检查油箱、传动机械部分等重点部位。 3. 长途出车必须办理长途汇签手续并严格出车前安全检查
2	车辆在运输过程中	易发生交通事故	造成人员伤亡、财产损失	车辆管理规定、国家交通管理规定	4	5	20	1. 严格遵守交通法规，中速行驶，不开英雄车、疲劳车，严禁酒后驾车。 2. 严格遵守厂内行车有关管理制度，进入易燃易爆限管区必须办理禁区通行证，配带阻火器，并按指定线路限速行驶。 3. 厂内、施工现场行车按指定线路限速行驶。 4. 厂内、施工现场倒车时必须有专人指挥监护。 5. 严禁超速行驶、酒后驾车。 6. 严禁人货混装、超限装载或驾驶室超员。 7. 严禁特大型物件超宽超高进行运输。 8. 严禁空挡放坡或采用直流供油。 9. 严禁带病行驶车辆或私自出车
3	车辆运输结束	易发生环境污染	造成环境污染	车辆管理规定、国家交通管理规定	1	5	5	1. 车辆停放及作业时，不得随意占道堵塞消防通道。 2. 废弃物（油布、废油）按规定回收、处理

任务三 学习危险与可操作性分析

【任务引入】

实训任务：脱丁烷塔塔釜液位过多分析

脱丁烷塔工艺是利用精馏方法，在脱丁烷塔中将丁烷从脱丙烷塔釜混合物中分离出来。精馏是将液体混合物部分汽化，利用其中各组分相对挥发度的不同，通过液相和气相间的质量传递来实现对混合物的分离。本装置中将脱丙烷塔釜混合物部分汽化，由于丁烷的沸点较低，即其挥发度较高，故丁烷易于从液相中汽化出来，再将汽化的蒸气冷凝，可得到丁烷组成高于原料的混合物，经过多次汽化冷凝，即可达到分离混合物中丁烷的目的。

原料为67.8C脱丙烷塔的釜液（主要有C_4、C_5、C_6、C_7等），由脱丁烷塔（DA-405）的第16块板进料（全塔共32块板），进料量由流量控制器FIC101控制。灵敏板温度由调节器TC101通过调节再沸器加热蒸汽的流量，来控制提馏段灵敏板温度，从而控制丁烷的分离质量。

脱丁烷塔塔釜液（主要为C_5以上馏分）一部分作为产品采出，一部分经再沸器（EA-418A. B）部分汽化为蒸气从塔底上升。塔釜的液位和塔釜产品采出量由LC101和FC102组成的串级控制器控制。再沸器采用低压蒸汽加热。塔釜蒸气缓冲罐（FA-414）液位由液位控制器LC102调节底部采出量控制。塔顶的上升蒸气（C_4馏分和少量C_5馏分）经塔顶冷凝器（EA-419）全部冷凝成液体，该冷凝液靠位差流入回流罐（FA-408）。

塔顶压力PC102采用分程控制，在正常的压力波动下，通过调节塔顶冷凝器的冷却水量来调节压力，当压力超高时，压力报警系统发出报警信号，PC102调节塔顶至回流罐的排气量来控制塔顶压力调节气相出料。操作压力为4.25atm[1]（表压），高压控制器PC101将调节回流罐的气相排放量来控制塔内压力稳定。冷凝器以冷却水为载热体。回流罐液位由液位控制器LC103调节塔顶产品采出量来维持恒定。回流罐中的液体一部分作为塔顶产品送下一工序，另一部分液体由回流泵（GA-412A. B）送回塔顶回流，回流量由流量控制器FC104控制。

---

[1] 1atm=101325Pa。

练一练

根据流程说明补充下图中的相应内容。

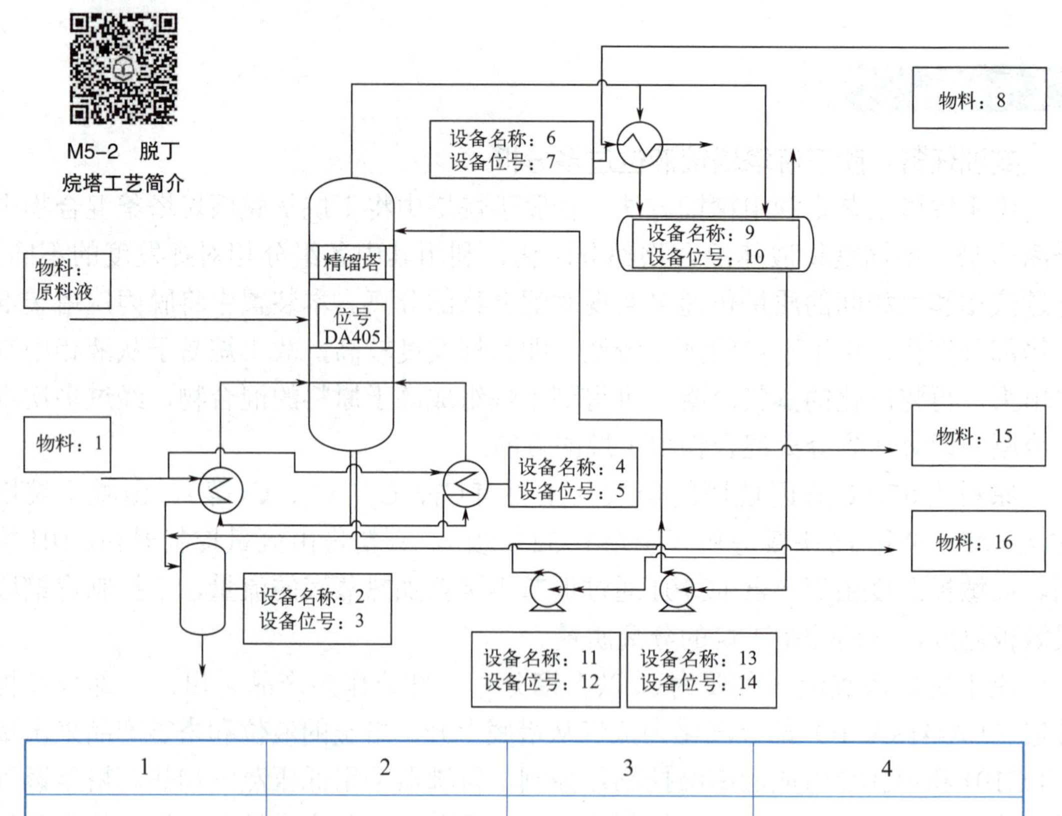

1	2	3	4
5	6	7	8
9	10	11	12
13	14	15	16

M5-3 脱丁烷塔塔釜液位过多HAZOP软件分析演示

某工厂邀请HAZOP分析人员，针对脱丁烷塔装置召开分析会议，分析团队由多位专业人士组成，包括HAZOP主席、HAZOP记录员、工艺工程师、安全工程师、设备工程师、操作专家、仪表工程师。HAZOP分析人员按照分析流程主要围绕脱丁烷塔塔釜液位过多，对事故后果严重性进行评估，找出产生偏离的原因，给出相应措施，避免事故发生或造成严重影响。

【任务分析】

HAZOP是一种用于分析已确定系统的结构化和系统化的技术。

HAZOP分析的重要作用是通过结构化和系统化的方法辨识潜在危险与可操作性问题，获得的结果有助于确定正确的补救措施。

HAZOP分析是一个详细地识别危险和可操作性问题的过程，由一个分析团队来完成。HAZOP包括辨识可能的设计意图偏离，分析这些偏离可能的原因，评估这些偏离的后果。

HAZOP分析的主要特点包括：

① HAZOP分析是一个创造性的过程。通过系统地应用一系列引导词来辨识潜在的设计意图的偏离，并利用这些偏离作为“触发器”，激励团队成员思考该偏离发生的原因以及可能产生的后果。

② HAZOP分析是在一位训练有素、富有经验的分析组组长的引导下进行的。组长应通过逻辑性的、分析性的思维确保对系统进行全面的分析。分析组长最好配有一名记录员，该记录员记录识别出的危险和（或）操作异常，以便进一步评估和决策。

③ HAZOP分析应在积极思考和坦率的讨论氛围中进行。当识别出一个问题时，做好记录以便后续的评估和决策。

④ 对识别出的问题提出解决方案并非HAZOP分析的主要目标，当提出解决方案，要做好记录供相关负责人考虑。

HAZOP分析程序如图5-3所示。

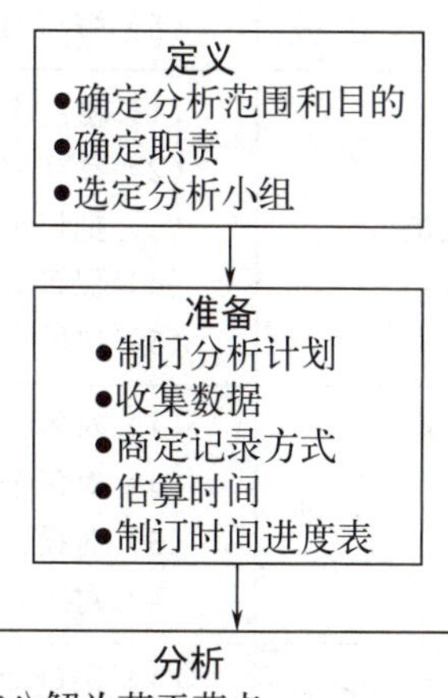

图5-3　HAZOP分析程序

HAZOP分析的准备：

（1）制定章程

① 明确了解领导对工作组的工作期望。

② 确定分析工作的范围、要求完成的时间。

③ 确定工作组已有何种资源、向何处求助，以及如何解决优先的矛盾等。

④ 制订一个分析的工作计划，包

括工作组成员任务、完成计划的总体时间表。

（2）组建小组

① 主持人；

② 记录员；

③ 工艺、设备、仪表、电气、HSE、操作等人员。

对于较小的工艺过程，分析小组3～4人就可以了；对于大型的、复杂的工艺过程，分析小组要求5～7人组成，包括组长、记录员、设计、工艺、设备、仪表、电气、操作、维修、公用工程等（表5-7）。一般5～7人是比较理想的。

表5-7 HAZOP分析小组主要成员职责

小组成员	职责
主持人（主席）	（1）进行 HAZOP 分析工作的准备； （2）选择 HAZOP 分析小组人员； （3）对 HAZOP 分析小组人员进行方法培训； （4）主持 HAZOP 分析会议； （5）编写 HAZOP 分析报告
记录员	（1）协助主持人进行 HAZOP 分析工作的准备； （2）参加 HAZOP 分析会议，并记录分析结果，确保分析内容的完整、准确； （3）把记录拷贝分发给小组人员，供他们审核和发表意见； （4）保管好记录表； （5）协助主持人编写 HAZOP 分析报告
工艺（设计）工程师	（1）对每一个需要分析的系统进行简单的说明； （2）对每个系统的设计意图提供信息； （3）对设计和运行条件提供信息； （4）对工艺过程 / 运行危险提供信息
仪表和控制（设计）工程师	（1）提供控制细节和联锁装置基本原理； （2）提供控制和联锁装置硬件和软件信息； （3）提供硬件可靠性和故障模式信息； （4）提供控制系统、控制状态、安全性能信息； （5）提供测试要求、维护要求方面的信息

【任务目标】

① 知道HAZOP分析流程；

② 能准确划分节点、能全面进行分析；

③ 能正确填写分析卡。

【知识储备】

HAZOP分析术语用于定性或定量涉及工艺指标的简单术语，引导识别工艺过程的危险，在整个分析过程中，以关键词为引导。HAZOP分析的常见术语如下。

1. 分析节点

（1）划分节点原因　HAZOP是非常耗时和具体的“检查”工作；必须把装置分解成更小系统如工艺单元进行HAZOP，工艺单元指具有确定边界的设备单元，然后对单元内工艺参数的偏差进行分析。

（2）分析节点划分的基本原则

① 从进入的P&ID管线开始；

② 继续直至设计意图的改变或继续直至工艺条件的改变，或继续直至下一个设备；

③ 划分流派，按照设备和管线、工艺系统划分。

常见分析节点的类型见表5-8。

表5-8　常见分析节点类型

序号	节点类型	序号	节点类型
1	管线	8	鼓风机
2	泵	9	炉子
3	间歇式反应器	10	热交换器
4	连续式反应器	11	软管
5	罐 / 槽 / 容器	12	公用工程和辅助设施
6	塔	13	搅拌器
7	压缩机	14	以上基本节点的合理组合

2. 偏离、原因、结果

（1）偏离　与所期望的设计意图的偏差。其结构为：

偏离＝参数＋引导词

① 引导词。引导词是一个简单的词或词组，用来限定或量化意图，并且联合参数以得到偏离。具体如表5-9所示。

表5-9　IEC 61882给出的引导词及解释

偏离类型	引导词	过程工业实例
否定	无，空白	没有达到任何目的。如：流量无
量的改变	多，过量	量的增多。如：温度高
	少，减量	量的减少。如：温度低

续表

偏离类型	引导词	过程工业实例
性质的改变	伴随	出现杂质；同时执行了其他的操作或步骤。
	部分	只达到一部分目的。如：只输送了部分流体
替换	相反	管道中的物料反向流动及化学逆反应。
	异常	最初目的没有实现，出现了完全不同的结果。
时间	早	某事件的发生较给定时间早。如：过滤或冷却
	晚	某事件的发生较给定时间晚。如：过滤或冷却
顺序或序列	先	某事件在序列中过早的发生。如：混合或加热
	后	某事件在序列中过晚的发生。如：混合或加热

② 参数。系统运行过程中工艺状态参数（与过程有关的物理和化学特性）：浓度、温度、压力、流量、pH、黏度、速度等。引导词/参数一览表见表5-10。

表5-10 引导词/参数一览表

	无	过多	过少	伴随	部分	相反	异常
流量	√	√	√	√	√	√	√
压力		√	√				
温度		√	√				
组成		√	√	√	√		
液位	√	√	√				
相态（汽相）	√	√	√				

（2）原因　导致偏离发生的条件或事件。包括直接原因、初始原因、根本原因、起作用的原因等。

① 初始原因。初始原因指在一个事故序列（一系列与该事故关联的事件链）中第一个事件。初始原因（IE）分类：

a. 外部事件：不可控、不可预测，自然灾害等。

b. 设备故障：机械设备。

c. 基本控制系统：DCS控制系统。

d. 公用工程；冷却水系统、蒸气、燃料气系统。

e. 人的失误：人员失误操作，违反操作规范。

② 发生偏差的原因。这些原因可能是设备故障、人为失误、不可预料的工艺状态、外界干扰等。

注：在HAZOP分析中只关注初始原因。

（3）后果 工艺系统偏离设计意图时所导致的结果。

偏离发生后，在现有安全措施都失效的情况下，可能持续发展形成的最坏的结果。不考虑细小与安全无关的后果。如：化学品泄漏、着火、爆炸、人员伤害、设备损坏、环境损坏及生产中断等。

① 后果分类。由于危险因素发展成为事故的起因和条件不同，故需对其后果进行具体的分类，主要分为三类。

a. 人身健康和安全影响（人员损害）（S/H）；

b. 财产损失影响；

c. 非财务性影响和社会影响（E）。

② 后果严重性等级评估。通过描述可知，事故或隐患发生时，在危险性查出之后，应对其划分等级，排列出危险因素的先后次序和重点，以便分别处理。不同的类别又体现出不同等级程度的后果，由此分出A～G七个等级（表5-11），从上到下分布，A～G严重性依次加强，同时后果发生时经常伴随着不同的可能性（表5-12）。

表5-11 后果严重等级表

严重性等级	人身健康和安全（S/H）	财产损失（F）	非财务性与社会影响
A	轻微影响的健康安全事故： 1. 急救或医疗处理，但不需要住院，不会因事故伤害损失工作日； 2. 短时间暴露超标，引起身体不适，但不会长时间造成健康影响	损失在10万元以下	引起周围社区少数居民短期内不满、抱怨或投诉（如噪声超标）
B	中等影响的健康/安全事故： 1. 因事故伤害损失工作日； 2. 小于2人轻伤	1. 直接济损失10万～50万元； 2. 造成局部停车	1. 当地媒体的短期报道； 2. 对当地公共设施的正常运行造成干扰（如导致某道路24小时内无法正常通车）

续表

严重性等级	人身健康和安全（S/H）	财产损失（F）	非财务性与社会影响
C	较大影响的健康/安全事故： 1. 3人以上轻伤或1～2人重伤（包括急性工业中毒，下同）； 2. 暴露超标，带来长期健康影响或造成职业相关严重疾病	1. 直接济损失50万～200万元； 2. 1～2套装置停车	1. 存在合规性问题，不会造成严重的安全后果或不会导致地方政府监管部门采取限制性措施； 2. 当地媒体的长期报道； 3. 在当地造成不良的社会影响，对当地公共设施日常运行造成严重干扰
D	较大安全事故导致人员受伤或重伤： 1. 界区内1～2人死亡或3～9人重伤； 2. 界区外1～2人重伤	1. 直接济损失200万～1000万元； 2. 造成3套以上装置停车； 3. 发生局部区域的火灾爆炸	1. 引起地方政府监管部门采取强制措施； 2. 引起国内或国际媒体的短期负面报道
E	严重的安全事故： 1. 界区内3～9人死亡或10～50人重伤； 2. 界区外1～2人死亡或3～9人重伤	1. 直接经济损失1000万～5000万元； 2. 造成发生失控的火灾或爆炸	1. 引起国内或国际媒体长期负面关注； 2. 造成省级范围内的重大社会影响； 3. 引起省级政府相关部门采取强制措施； 4. 导致失去当地市场的生产、经营和销售许可证
F	非常严重的安全事故，导致界区内或界区外多人伤亡： 1. 界区内10～30人死亡或50～100人重伤； 2. 界区外3～9人死亡或10～50人重伤	直接经济损失5000万～1亿元	1. 引起国家相关部门采取强制性措施； 2. 在全国范围内造成严重的社会影响； 3. 引起国内国际媒体重点跟踪报道或系列报道
G	特别重大的灾难性安全事故，导致界区内或界区外大量伤亡： 1. 界区内30人以上死亡或18人以上重伤； 2. 界区外10～30人死亡或50～100人重伤	直接经济损失1亿元以上	1. 引起国家领导人关注或国务院、部委领导作出批示； 2. 导致吊销国际、国内主要市场的生产、销售或经营许可证； 3. 引起国际国内主要市场上公众或投资人的强烈愤慨或谴责

表5-12 后果可能性表

严重性等级	1	2	3	4	5	6	7	8
	类似的事件没有在石油石化行业发生过，且发生的可能性极低	类似的事件没有在石油石化行业发生过	类似事件在石化行业发生过	类似的事件在中国石化曾经发生过	类似的事件发生过或者可能在多个相似设备设施的使用寿命内发生	在设备设施的使用寿命内可发生1或2次	在设备设施的使用寿命内可发生多次	在设备设施中经常发生（至少每年发生）
	<10^{-6}/年	10^{-6}～10^{-5}/年	10^{-5}～10^{-4}/年	10^{-4}～10^{-3}/年	10^{-3}～10^{-2}/年	10^{-2}～10^{-1}/年	10^{-1}～1/年	≥1/年
A	1	1	2	3	5	7	10	15
B	2	2	3	5	7	10	15	23
C	2	3	5	7	11	16	23	35
D	5	8	12	17	25	37	55	81
E	7	10	15	22	32	46	68	100
F	10	15	20	30	43	64	94	138
G	153	20	29	43	63	93	136	200

注：表格中共有四种颜色：蓝、黄、橙、红（彩图请扫码观看），分别表示不同的严重性程度（风险值），分别是低风险、一般风险、较大风险、重大风险，判断时可根据ALARP原则，满足即可。

3.保护措施

保护措施：指的是可能中断初始事件后的事件链或减轻后果的任何设备、系统或行动，既包括防止措施又包括减缓措施。

后果可能性表

【任务实施】

活动1：事故后果分析

脱丁烷塔塔釜液位过多，导致精馏塔底抽出汽油质量不合格，请你对造成的后果严重性进行评估，完成评估表。

脱丁烷塔液位过多后果评估表

爆炸范围	涉及设备	人员伤亡	财产损失	社会声誉

活动2：原因及措施分析

引发工艺偏离的原因主要有四类：设备故障类、基本过程控制系统（BPCS）失效类、人员误操作类、公用工程故障类。根据偏离及后果，接下来进行原因分析、现有安全措施分析、风险等级评估及建议措施讨论，完成表格。

脱丁烷塔液位过多原因分析

原因	设备故障类	人员误操作类	BPCS 失效类	公用工程故障类
	脱丁烷塔再沸器 EA-408A/B长时间使用，结垢严重	人员误操作进料组分变重	控制回路 LICA101（串级 FIC102）故障，导致 FV102 关小或全关	低压蒸汽压力低
现有安全措施	设有液位高报警 LICA101及人员响应	设有液位高报警 LICA101及人员响应	设有现场液位计 LG101 及人员日常巡检	设有液位高报警 LICA101及人员响应
措施类型				
建议措施				
措施类型				

【任务评价】

请学生和教师根据实训评价内容进行自我评价，并将评分标准对应的得分填写于表中。在整体分析过程中分析团队应完成相应的附表HAZOP分析卡。

脱丁烷塔液位过多分析评价表

序号	项目	分值	学生自评（分）	教师评价（分）
1	事故后果分析	10		
2	设备故障类原因及措施分析	10		
3	BPCS 失效类原因及措施分析	10		
4	人员误操作类原因及措施分析	10		
5	公用工程故障类原因及措施分析	10		
小计		50		
总分		100		

【巩固练习】

梳理、总结HAZOP分析流程。

附表1 HAZOP分析卡

<table>
<tr><td>偏离</td><td colspan="19"></td></tr>
<tr><td>后果</td><td colspan="19"></td></tr>
<tr><td>主持人</td><td colspan="4"></td><td>记录员</td><td colspan="2"></td><td colspan="2">参与人员</td><td colspan="2"></td><td>分析日期</td><td colspan="2"></td><td colspan="2">P&ID 编号</td><td colspan="2"></td></tr>
<tr><td rowspan="2">原因 / 初始事件</td><td colspan="4">原始风险</td><td colspan="3">保护措施及失效概率</td><td colspan="4">降低后风险</td><td colspan="3">建议措施</td><td colspan="4">剩余风险</td></tr>
<tr><td>风险类别</td><td>严重性（S）</td><td>可能性（L）</td><td>风险（RR）</td><td>现有安全措施</td><td>类型</td><td>IPL 的失效概率</td><td>风险类别</td><td>严重性（S）</td><td>可能性（L）</td><td>风险（RR）</td><td>描述</td><td>类型</td><td>IPL 的失效概率</td><td>风险类别</td><td>严重性（S）</td><td>可能性（L）</td><td>风险（RR）</td></tr>
<tr><td rowspan="3"></td><td></td><td></td><td></td><td></td><td></td><td></td><td></td><td></td><td></td><td></td><td></td><td></td><td></td><td></td><td></td><td></td><td></td><td></td></tr>
<tr><td></td><td></td><td></td><td></td><td></td><td></td><td></td><td></td><td></td><td></td><td></td><td></td><td></td><td></td><td></td><td></td><td></td><td></td></tr>
<tr><td></td><td></td><td></td><td></td><td></td><td></td><td></td><td></td><td></td><td></td><td></td><td></td><td></td><td></td><td></td><td></td><td></td><td></td></tr>
<tr><td rowspan="3"></td><td></td><td></td><td></td><td></td><td></td><td></td><td></td><td></td><td></td><td></td><td></td><td></td><td></td><td></td><td></td><td></td><td></td><td></td></tr>
<tr><td></td><td></td><td></td><td></td><td></td><td></td><td></td><td></td><td></td><td></td><td></td><td></td><td></td><td></td><td></td><td></td><td></td><td></td></tr>
<tr><td></td><td></td><td></td><td></td><td></td><td></td><td></td><td></td><td></td><td></td><td></td><td></td><td></td><td></td><td></td><td></td><td></td><td></td></tr>
</table>

续表

原因/初始事件	原始风险				保护措施及失效概率			降低后风险				建议措施			剩余风险			
	风险类别	严重性（S）	可能性（L）	风险（RR）	现有安全措施	类型	IPL的失效概率	风险类别	严重性（S）	可能性（L）	风险（RR）	描述	类型	IPL的失效概率	风险类别	严重性（S）	可能性（L）	风险（RR）

拓展阅读：HAZOP分析的起源

二十世纪六十年代随着流程工业逐步大型化，越来越多的有毒和易燃化学品的使用，使得事故的规模变得越来越难以承受。先前人们那种从事故中汲取经验教训的方法开始变得难以接受。随着历史上一些重大事件的发生，一切基本的问题摆在了人们眼前：如何预知将要发生什么，对流程是否有恰当的技术理解，如何使流程设计易于管理。这些事故案例使得人们急需一种系统化、结构化的分析方法，在设计阶段对将来潜在的危险有一个预先的认知，同时也需要工厂能够更多地容忍操作人员的事故和不正常的情况出现。

英国帝国化学工业公司（Imperial Chemical Industries PLC，以下简称：ICI）因此开发了危险和可操作性分析（HAZOP）技术。HAZOP分析是一种系统化和结构化的定性危险评价手段，主要用于设计阶段确定工程设计中存在的危险及操作问题。HAZOP是一种以使用引导词为中心的分析方法，以审查设计的安全性以及危害的因果关系。1974年ICI正式发布了HAZOP技术，Kletz等人在书中对HAZOP发展的历史和方法作了详尽的叙述。

其后历经ICI和英国化学工业协会（CIA）的大力推广，此分析法逐渐由欧洲传播至北美、日本及沙特阿拉伯等国家。很多国际型大公司和机构都根据自身企业特点制定了相应程序。英美等国还将HAZOP列为强制性国标，强制相关企业遵守。

在国内方面，则是由台湾的黄清贤先生于1987年首先撰文介绍该法，在台湾为各大石化公司所推广及采用。大陆在这方面的工作开始较晚，二十世纪九十年代虽已开展调查跟踪，但未采取实质性工作。进入二十一世纪以来，很多国内设计单位开始在设计过程中引入HAZOP方法。

据此，我国国内主要石化设计企业的安全审查重点，已由事故调查与统计跨入事前预防的领域，并同时将风险的观念及做法引入，使得工业安全及卫生管理工作逐渐由事故发生后的急救与援助阶段迈入防患于未然的境界。

项目六

防止检修现场伤害

任务一　受限空间作业

【任务引入】

【案例】2018年5月30日，湖南省某食品有限责任公司1名员工发现腌制池发臭，遂安排另2人清洗腌制池。2人使用抽水泵抽水20min后，抽水泵进水口被覆盖在池边缘的塑料膜堵住，污水无法抽出。其中1人在未采取任何防护措施的情况下，下池捅破塑料膜，在爬上腌制池的过程中因吸入池底污水产生的硫化氢而中毒晕倒，摔入池内。池上另1人和后赶来的1名村民分别下池救援，随即中毒晕倒。经其他村民和消防救援人员共同救援，3人被救出。事故造成3人死亡，直接经济损失230余万元。事后该公司法人被移送司法机关依法追究其刑事责任。

事故教训：

① 未进行受限空间辨识，未在腌制池清理作业场所设置安全警示标志。

② 现场未配备相应的安全防护设备、个体防护用品和应急救援装备。

③ 未采取检测、通风、个体防护等措施，冒险下池作业。

④ 事故发生后，现场人员盲目施救导致伤亡扩大。

⑤ 未制定应急救援预案并组织演练。

⑥ 作业人员未接受有限空间作业专项安全培训。

【任务分析】

国内地方性法规或企业规章制度中规定了受限空间作业五类人员（安全管理人员、气体检测人员、现场负责人、作业监护人员、作业人员）的职责，如表6-1所示。

表6-1 受限空间作业人员及其主要职责

作业人员类别	主要职责
安全管理人员	① 参与审查有限空间的施工方案，安全操作规程； ② 审核有限空间作业审批表； ③ 监督有限空间作业安全技术及应急救援措施的实施
气体检测人员	① 熟悉检测仪器设备和检测方法； ② 按照作业人员操作规程中的有关规定进入有限空间检测； ③ 能科学分析有毒有害介质的产生原因； ④ 对所检测的数据负责
监护人员	① 对受限空间作业人员的安全负有监督和保护的职责； ② 了解可能面临的危害，对作业人员出现的异常行为能够及时警觉并做出判断； ③ 与作业人员保持联系和交流，观察作业人员的状况； ④ 当发现异常时，立即向作业人员发出撤离警报，并帮助作业人员从受限空间逃生，同时立即呼叫紧急救援； ⑤ 掌握应急救援的基本知识
作业负责人	① 对受限空间作业安全负全面责任； ② 在受限空间及其附近发生异常情况时，应停止作业； ③ 检查、确认应急准备情况，核实内外联络及呼叫方法； ④ 对未经允许试图进入或已经进入受限空间者进行劝阻或责令退出； ⑤ 在受限空间作业环境、作业方案和防护设施及用品达到安全要求后，可安排人员进入受限空间作业
作业人员	① 确认安全防护措施落实情况； ② 负责在保障安全的前提下进入受限空间实施作业任务。作业前应了解作业的内容、地点、时间、要求，熟知作业中的危害因素和应采取的安全措施； ③ 应与监护人员进行必要的、有效的安全、报警、撤离等双向信息交流； ④ 遵守受限空间作业安全操作规程，正确使用受限空间作业安全设施与个体防护用品； ⑤ 服从作业监护人的指挥，如发现作业监护人员不履行职责时，应停止作业并撤出受限空间； ⑥ 在作业中如出现异常情况或感到不适或呼吸困难时，应立即向作业监护人发出信号，迅速撤离现场

进行受限空间作业时要遵守相应的操作流程，清楚各阶段风险防控关键要素（图6-1）。

进入受限空间必须严格落实以下要求：

① 必须严格实行作业审批制度，严禁擅自进入有限空间作业。

② 必须做到“先通风、再检测、后作业”，严禁通风、检测不合格作业。

③ 必须配备个人防中毒窒息等防护装备，设置安全警示标识，严禁无防护监护措施作业。

④ 必须对作业人员进行安全培训，严禁教育培训不合格者上岗作业。

⑤ 必须制订应急措施，现场配备应急装备，严禁盲目施救。

【任务目标】

① 知道受限空间的定义及危险源；

② 能正确申请受限空间作业票；

③ 能安全进行受限空间作业。

作业审批阶段	制定作业方案　明确人员职责　作业审批
作业准备阶段	安全交底　设备检查　封闭作业区域及安全警示　打开进出口　安全隔离　清除置换　初始气体检测　强制通风　再次检测　人员防护
安全作业阶段	安全作业　实时监测与持续通风　作业监护　异常情况紧急撤离有限空间
作业完成阶段	关闭进出口　解除隔离　恢复现场

图6-1　受限空间作业各阶段风险防控关键要素

【知识储备】

一、受限空间作业的定义和分类

受限空间也称有限空间，指进出受限，通风不良，可能存在易燃易爆、有毒有害物质或缺氧，对进入人员的身体健康和生命安全构成威胁的封闭、半封闭设施及场所。包括反应器、塔、釜、槽、罐、炉膛、锅筒、管道及地下室、窨井、坑（池）、管沟或其他封闭、半封闭场所。

受限空间作业，是指人员进入有限空间实施作业。常见的受限空间作业主要有：

① 清除、清理作业，如进入污水井进行疏通，进入发酵池进行清理等。

② 设备设施的安装、更换、维修等作业，如进入地下管沟敷设线缆、进入污水调节池更换设备等。

③ 涂装、防腐、防水、焊接等作业，如在储罐内进行防腐作业、在船舱内进行焊接作业等。

④ 巡查、检修等作业，如进入检查井、热力管沟进行巡检等。

按作业频次划分，受限空间作业可分为经常性作业和偶发性作业：

① 经常性作业指受限空间作业是单位的主要作业类型，作业量大、作业频次高。例如，从事水、电、气、热等市政运行领域施工、运维、巡检等作业的单位，受限空间作业就属于单位的经常性作业。

② 偶发性作业指受限空间作业仅是单位偶尔涉及的作业类型，作业量小、作业频次低。例如，工业生产领域的单位对炉、釜、塔、罐、管道等受限空间进行清洗、维修，餐饮、住宿等单位对污水井、化粪池进行疏通、清掏等受限空间作业就属于单位的偶发性作业。

按作业主体划分，受限空间作业可分为自行作业和发包作业：

① 自行作业指由本单位人员实施的受限空间作业。

② 发包作业指将作业进行发包，由承包单位实施的受限空间作业。

二、受限空间作业危险源分析

1. 化学能

在某些受限空间中可能产生或存在硫化氢、一氧化碳、甲烷（沼气、瓦斯）和其他有毒有害、易燃易爆气体。还有可能因为氧气含量不足，形成缺氧环境。在其中进行作业如果防范措施不到位，就有可能发生中毒、窒息、火灾、爆炸等事故。

2. 动能

受限空间为封闭或半封闭空间，作业环境狭小。在作业时会使用工器具，若安全距离不足，极易造成工具割伤、机械伤害等事故。

3. 电能

受限空间照明不良，为了达到照明条件，需要设置照明设备。但有些企业为了节省成本，购买不符合安全要求的照明设备增加了触电发生的可能性。若受限空间内存在易燃易爆气体，不符合安全要求的照明设备会产生电火花，成为点火源，就会发生闪爆，后果不堪设想。

常见受限空间作业主要安全风险辨识示例见表6-2。

表6-2 常见受限空间作业主要安全风险辨识示例

受限空间种类	受限空间	作业可能存在的主要安全风险
地下受限空间	废井、地坑、地窖、通信井	缺氧、高处坠落
	电力工作井（隧道）	缺氧、高处坠落、触电
	热力井（小室）	缺气、高处坠落、高温高湿、灼烫
	污水井、污水处理池、沼气池、化粪池、下水道	硫化氢中毒、缺氧、可燃性气体爆炸、高处坠落、淹溺
	燃气井（小室）	缺氧、可燃性气体爆炸、高处坠落
	深基坑	缺氧、高处坠落、坍塌
地上受限空间	酒糟池、发酵池、纸浆池	磷化氢中毒、缺氧、高处坠落
	腌渍池	硫化氢中毒、氯化氢中毒、缺氧、高处坠落、淹溺
	粮仓	缺氧、磷化氢中毒、可燃性粉尘爆炸、高处坠落、掩埋
密闭设备	窑炉、炉膛、锅炉、煤气管道及设备	缺氧、一氧化碳中毒、可燃性气体爆炸
	贮罐、反应釜（塔）	缺氧、中毒、可燃性气体爆炸

三、受限空间作业注意事项和预防措施

1. 作业前，应对受限空间进行安全隔离

与受限空间连通的可能危及安全作业的管道应采用加盲板或拆除一段管道的方式进行隔离；不应采用水封或关闭阀门代替盲板作为隔断措施；与受限空间连通的可能危及安全作业的孔、洞应进行严密封堵；对作业设备上的电器电源，应采取可靠的断电措施，电源开关处应上锁并加挂警示牌。

2. 保持受限空间内空气流通良好

打开人孔、手孔、料孔、风门、烟门等与大气相通的设施进行自然通风；必要时，可采用强制通风或管道送风，管道送风前应对管道内介质和风源进行分析确认；在忌氧环境中作业，通风前应对作业环境中与氧性质相抵的物料采取卸放、置换或清洗合格的措施，达到可以通风的安全条件要求。

3. 确保受限空间内的气体环境满足作业要求

作业前30min内，对受限空间进行气体检测，检测分析合格后方可进入；检测点应有代表性，容积较大的受限空间，应对上、中、下（左、中、右）各部位进行检测分析；检测人员进入或探入受限空间检测时，应佩戴个体防护装备；涂刷具有挥发性溶剂的涂料时，应采取强制通风措施；不应向受限空间充纯氧气或富氧空气；作业中断时间超过60min时，应重新进行气体检测分析。氧气含量为19.5%～21%（体积分数），在富氧环境下不大于23.5%（体积分数）时，才可进入受限空间内作业。作业时，作业现场应配置移动式气体检测报警仪，连续检测受限空间内可燃气体、有毒气体及氧气浓度，并2h记录1次；气体浓度超限报警时，应立即停止作业、撤离人员、对现场进行处理，重新检测合格后方可恢复作业。

4. 加强受限空间安全培训教育

企业要把受限空间的安全作业作为新员工入厂培训和教育的重要内容。每年定期的安全教育培训要有防范受限空间作业安全事故的内容。每次进入受限空间作业前，要对所有参与作业的人员再进行作业交底和安全培训。特别是要加强对临时承包商人员的安全培训，未经专门培训，不得参加受限空间作业。培训的内容包括受限空间特点、检测仪的使用、个体防护设施的使用、应急预案、施救措施等。

5. 专人监护，配备合适的自救工具

监护人应在受限空间外进行全程监护，不应在无任何防护措施的情况下探入或进入受限空间；在风险较大的受限空间作业时，应增设监护人员，并随时与受限空间内作业人员保持联络；监护人应对进入受限空间的人员及其携带的工器具种类、数量进行登记，作业完毕后再次进行清点，防止遗漏。

进入受限空间作业人员应正确穿戴相应的个体防护装备。缺氧或有毒的受限

空间经清洗或置换仍达不到要求的，应佩戴满足隔绝式呼吸防护装备，并正确拴带救生绳；在易燃易爆的受限空间经清洗或置换仍达不到要求的，应穿防静电工作服及工作鞋，使用防爆工器具；存在酸碱等腐蚀性介质的受限空间，应穿戴防酸碱防护服、防护鞋、防护手套等防腐蚀装备；在受限空间内从事电焊作业时，应穿绝缘鞋；有噪声产生的受限空间，应佩戴耳塞或耳罩等防噪声护具；有粉尘产生的受限空间，佩戴防尘口罩等防尘护具；高温的受限空间，应穿戴高温防护用品，必要时采取通风、隔热等防护措施；低温的受限空间，应穿戴低温防护用品，必要时采取供暖措施；在受限空间内从事清污作业，应佩戴隔绝式呼吸防护装备，并正确拴戴救生绳；在受限空间内作业时，应配备相应的通信工具。

【任务实施】

随着科学的进步，化工生产日趋高度集中化、复杂化、连续化；操作条件越来越严格；自动化程度越来越高；而且装置高度复杂且昂贵，如果操作失误将十分危险，这向现场操作工人、仪表工人、管理人员和工艺技术人员提出了更高的要求。

运用虚拟现实技术，真实再现生产工厂原貌，学员可以漫步在工厂中真实地了解化工厂的设备布局（图6-2），安全地参观工厂，3D操作画面具有很强的环境真实感、操作灵活性和独立自主性，学生可查看到作业完成流程，解决了实际生产过程中的某些盲点，为学生提供了一个自主发挥的舞台，特别有利于调动学生积极思考，培养学生的动手能力，同时也增强了学习的趣味性。

（一）作业前采取的安全措施

S-1-1 作业人员现场确认设置警示标识。

S-1-2 作业人员现场确认设置警戒线。

S-1-3 作业人员现场确认设置灭火器。

S-1-4 作业人员现场确认受限空间进出口通道无障碍物。

S-1-5 作业人员确认容器泄液完毕。

图6-2 受限空间作业仿真图

S-1-6 作业人员确认容器泄压完毕。

S-1-7 作业人员打开氮气置换阀门，对设备进行氮气置换。

S-1-8 作业人员确认所有与受限空间联系的阀门、管线加盲板隔离。

S-1-9 作业人员打开通风孔对设备进行自然通风，必要时采用强制通风。

S-1-10 分析人员检查探测器是否正

常工作。

M6-1 受限空间作业仿真演示

S-1-11 分析人员将气体检测器吊入容器内。

S-1-12 分析人员取出探测器并确认检查结果无异常。

S-1-13 现场作业负责人确认监护人员安排到位。

（二）办理受限空间许可证

S-2-1 现场作业负责人提出作业申请并办理进入受限空间许可证。

S-2-2 现场作业负责人领取受限空间许可证。

（三）安全措施现场确认

S-3-1 车间负责人对进入受限空间安全措施进行现场确认。

（四）现场作业

S-4-1 作业人员将进入受限空间作业的许可证和作业人员、监护人员的工作证挂在容器附近提示板上。

S-4-2 车间负责人向相关作业人员进行技术交底。

S-4-3 作业人员穿戴防护手套。

S-4-4 作业人员穿戴防护雨鞋。

S-4-5 作业人员系上安全带。

S-4-6 作业人员系上呼吸器。

S-4-7 作业人员系上电压为 12V 的临时照明防爆型手电筒。

S-4-8 作业人员携带救生绳。

S-4-9 作业人员携带铁锹。

S-4-10 作业人员系上救生绳。

S-4-11 作业人员放入木质爬梯。

S-4-12 作业人员进入受限空间。

S-4-13 作业人员清理容器内沉积物。

S-4-14 作业人员离开受限空间。

S-4-15 作业人员清理容器内杂物后，申请单位的技术人员进行验收。

S-4-16 车间负责人验收后在进入受限空间作业许可证上签字。

活动 1：受限空间作业仿真操作

作业情境：仿真软件模拟某生产厂区加压精馏塔回流罐在生产过程中积攒了一定的沉积物，需立即进行清理。根据受限空间作业要求，此项作业可分为四步，①作业前采取的安全措施；②办理受限空间许可证；③安全措施现场确认；④现场作业。请补充完善各步骤的具体操作流程。

活动2：完成实训操作作业票

依据实训装置，各班组完成受限空间作业安全风险防控确认表。进行作业前检测分析及个人防护准备工作测试；体验者选择介质不同，其操作流程不同，且操作顺序不可颠倒。实训考核结束，打印测试成绩单。

受限空间作业安全风险防控确认表

序号	确认内容	确认结果	确认人
1	是否制订作业方案，作业方案是否经本单位相关人员审核和批准		
2	是否明确现场负责人、监护人员和作业人员及其安全职责		
3	作业现场是否有作业审批表，审批项目是否齐全，是否经审批负责人签字同意		
4	作业安全防护设备、个体防护用品和应急救援装备是否齐全、有效		
5	作业前是否进行安全交底，交底内容是否全面，交底人员及被交底人员是否签字确认		
6	作业现场是否设置围挡设施，是否设置符合要求的安全警示标志或安全告知牌		
7	是否安全开启进出口，进行自然通风		
8	作业前是否根据环境危害情况采取隔离、清除、置换等合理的工程控制措施		
9	作业前是否使用泵吸式气体检测报警仪对受限空间进行气体检测，检测结果是否符合作业安全要求		
10	气体检测不合格的，是否采取强制通风		
11	强制通风后是否再次进行气体检测，进入受限空间作业前，气体浓度是否符合安全要求		
12	作业人员是否正确佩戴个体防护用品和使用安全防护设备		
13	作业人员是否经现场负责人许可后进入作业		
14	作业期间是否实时监测作业面气体浓度		
15	作业期间是否持续进行强制通风		
16	作业期间，监护人员是否全程监护		
17	出现异常情况是否及时采取妥善的应对措施		
18	作业结束后是否恢复现场并安全撤离		

【任务评价】

综合评价表				
学习情境	受限空间作业			
评价项目	评价标准	分值	自评	师评
考勤	无无故迟到、早退、旷课现象	5		
受限空间作业流程	能准确完成仿真操作流程前准备工作	20		
仿真操作	按系统评分	30		
实训作业	作业规范、操作准确	15		
	按系统评分	15		
工作态度	态度端正、工作认真、主动	5		
工作质量	能按计划完成工作任务	5		
职业素质	能做到安全生产、文明施工，保护环境，爱护公共设施	5		
合计		100		
综合评价	自评（30%）	培训人员评价（70%）	综合得分	

【巩固练习】

总结受限空间作业时的注意事项和预防措施。

注意事项	预防措施

拓展阅读：受限空间作业施救口诀

进行受限空间作业，请牢记受限空间作业施救口诀。确保安全作业，及时应对不安全因素行为。

施救

有限空间人涉险，演练场景脑中现。
现场监护有人管，切忌盲目进里面。
个体防护戴齐全，勿忘有人把绳牵。
施救如若有困难，立即出来想方案。

任务二　高处作业

【任务引入】

【案例】2020年8月6日辽宁沈阳空调工人高空坠落，扳手砸伤路人；2022年8月18日，榆林市常乐堡矿业储煤场发生一起高空坠落事故，造成1人死亡；2022年8月29日，河南漯河工人不慎从30米高空坠落，背部被钢筋插入……种种意外让人心头不由为之一颤，加强高空坠落的安全意识、安全防护不容忽视。

【任务分析】

高处作业活动面小、四周临空，且交叉作业多，是一项复杂的危险工作，稍有疏忽，就可能造成高处坠落或物体打击事故。

① 高处坠落（安全带、安全绳缺失、梯具不稳、吊绳老化断裂）；

② 触电（带电作业或不慎接触高空电源线路）；

③ 引起火灾（高处作业涉及焊接等动火作业）；

④ 物体打击（作业工具、材料坠落对下方人员造成伤害）。

高处作业现场管理措施：

高处作业前，施工单位应制定安全措施并填入登高安全作业审批表内。

高处作业所使用的工具材料零件等必须装入工具袋，上下时手中不得持物。不准投掷工具材料及其他物品。易滑动易滚动的工具材料堆放在脚手架上时，应采取措施防止坠落。

高处作业与其他作业交叉进行时，必须按指定的路线上下，禁止上下垂直作业，若必须垂直进行作业时，应采取可靠的隔离措施。

监护人员、现场管理人员应熟悉周边环境和作业流程，警戒无关人员不得靠近，监督安全设施落实情况，发现作业人员的违规操作应制止，发现作业异常情况及时组织撤离现场。

【任务目标】

① 知道高处作业的定义及危险源；

② 能正确申请高处作业票；

③ 能安全进行高处作业。

【知识储备】

一、高处作业的定义及分类

1. 高处作业的定义

《高处作业分级》（GB/T 3608—2008）中对高处作业的定义：在距坠落高度基准面2m或2m以上有可能坠落的高处进行的作业。

高处作业分级：

① 高处作业高度在2～5m时，称为一级高处作业。

② 高处作业高度在5～15m时，称为二级高处作业。

③ 高处作业高度在15～30m时，称为三级高处作业。

④ 高处作业高度在30m以上时，称为特级高处作业。

2. 高处作业分类

施工中的高处作业主要包括临边、洞口、攀登、悬空、交叉等五种基本类型，这些类型的高处作业是高处作业伤亡事故发生的主要地点。

（1）临边作业　基坑周边，无防护的阳台、料台与平台等；无防护楼层、楼面周边；无防护的楼梯口和梯段口；井架、施工电梯和脚手架等的通道两侧面；各种垂直运输卸料平台的周边。

（2）洞口作业　凡深度在2m及2m以上的桩孔、人孔、沟槽与管道等孔洞边沿上的高处作业都属于洞口作业。洞口若没有防护时，就有造成作业人员高处坠落的危险，还可能造成下面的人员发生物体打击事故。

（3）攀登作业　进行攀登作业时作业人员由于没有作业平台，只能攀登在可借助物的架子上作业，要借助一手攀，一只脚勾或用腰绳来保持平衡，身体重心垂线不通过脚下，作业难度大，危险性大，稍有不慎就可能坠落。

（4）悬空作业　在周边临空状态下进行高处作业，其特点是在操作者无立足点或无牢靠立足点条件下进行高处作业。

（5）交叉作业　现场施工上部搭设脚手架、吊运物料、地面上的人员搬运材料、制作钢筋等，都是施工现场的交叉作业。在此过程中，失手掉下工具或吊运物体散落，都可能砸到下面的作业人员，发生物体打击伤亡事故。

二、高空坠落防范措施

（1）防护用品很必要　根据不同的安装部位和不同季节制定针对性强的可行的安全措施，防护用品提前到位。进入现场必须戴安全帽，高空作业必须系安全带，并系在牢固的结构上，专人进行检查保持完好状态。

（2）体检合格是基本　高空作业人员必须进行体格检查，凡高血压、心脏病、癫痫病患者不得进行高空作业。

（3）规范操作是要素　严禁在工作前和工作中饮酒，不允许在易燃易爆物品附近吸烟生火，不得随便乱接乱拉电线。临时配电箱必须装置在安全地点并牢固可靠，开关插座应完整无缺，防止雨水溅落，金属箱体必须可靠接地，施工前应对漏电开关进行检查，如有损坏，及时更换。

（4）安全防护守平安　上下交叉作业，应有专人监视并做好垂直面上的安全防护，5级以上大风不得高空作业。

【任务实施】

活动1：高处作业仿真操作

高处作业仿真图如图6-3所示。

图6-3　高处作业仿真图

1. 高处作业前准备工作

S-1-1：现场作业负责人（申请人）进行工作安全分析（JSA）。

S-1-2：现场作业负责人提出高处作业许可证申请。

2. 高处作业批准

S-2-1：车间主任（批准人）书面审核通过，到现场确认高处作业施工区域设立警示牌。

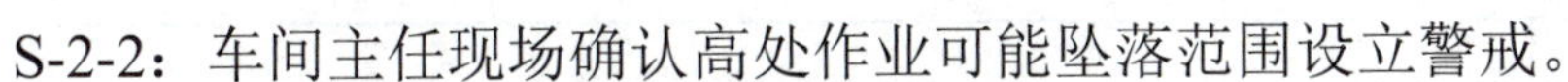

S-2-2：车间主任现场确认高处作业可能坠落范围设立警戒。

M6-2　高处作业仿真演示

S-2-3：车间主任现场核查环境与安全措施。

S-2-4：车间主任确认现场无交叉作业。

S-2-5：车间主任核实作业现场安全防护栏杆是否牢固。

S-2-6：车间主任核实现场作业人员防护装备的配备情况。

S-2-7：车间主任确认现场有无作业监护人。

S-2-8：车间主任在高处作业许可证上签字确认批准高处作业。

3. 高处作业实施

S-3-1：作业人员将高处作业许可证和现场人员工作证贴到白板上。

S-3-2：现场作业负责人进行现场技术交底。

S-3-3：现场作业人员固定安全带。

S-3-4：现场作业人员打开旁通阀门 FV401B。

S-3-5：现场作业人员在 DCS 界面上关闭 FV401。

S-3-6：现场作业人员放掉管线内的残余流体。

S-3-7：现场作业人员更换 FV401O。

S-3-8：现场作业人员打开FV401O。

S-3-9：现场作业人员在DCS界面上打开FV401并控制到开度为50%。

S-3-10：现场作业人员确认不渗不漏。

S-3-11：关闭旁通阀FV401B。

4. 高处作业结束

S-4-1：现场作业人员清洁回收工具用具，清理现场。

S-4-2：高处作业结束，高处作业人员交回手续。

S-4-3：现场作业人员脱下个人防护用品。

S-4-4：现场作业负责人确认现场没有遗留任何安全隐患。

S-4-5：现场作业负责人申请作业证关闭。

S-4-6：车间主任在高处作业证上签字验收。

根据仿真操作提示，完成操作任务单。

高处作业仿真操作任务单

作业项目	作业内容
作业前准备工作	
作业批准	
作业实施	
作业结束	

活动2：学习使用高空作业智能考核系统

1. 高处作业的作业过程

在作业开始之前，高处作业实施单位专业技术人员、班组负责人以及现场监护人应当组织所有参与作业的人员召开班前会，以确保其了解作业许可证中的内容以及本管理规定中的要求。

高处作业许可证的有效期限一般不超过一个班次。

作业人员在整个作业过程中，应当确保其作业行为符合作业许可证以及本安全管理规定中的要求。

现场监护人应当对整个作业过程进行监控，以确保作业人员的作业行为符合作业许可证以及本安全管理规定中的要求。

2. 具体操作过程

点击知识测评，对所学相关知识内容进行考核。

操作测评步骤为：选择正确的劳保用品→垂直爬梯、高空窄道、洞口防护（洞口周边必须搭建完成8根栏杆）、临边防护（完成4根临边防护栏杆搭）→测评得分。

高处作业审批表

<table>
<tr><td>申请作业单位</td><td></td><td>作业人</td><td></td></tr>
<tr><td rowspan="2">作业场所</td><td rowspan="2"></td><td>作业高度</td><td></td></tr>
<tr><td>可能影响范围</td><td></td></tr>
<tr><td>高处作业起止时间</td><td colspan="3">年　月　日　时　分起　　　年　月　日　时　分止</td></tr>
<tr><td colspan="4">申请作业原因：</td></tr>
<tr><td>高处作业
安全措施
健全要求</td><td colspan="3">□ 对患有职业禁忌症、疲劳过度、视力不佳、酒后人员及心理状态不佳等，不准进行高处作业。
□ 高处作业现场负责人应对作业方案、技术要求进行交底。
□ 高处作业应设立监护人对高处作业人员进行监护，监护人应坚守岗位，切实负起监护责任。
□ 作业人员上岗前应检查所有的工具和设施，按要求穿戴全身式安全带、安全帽，防滑安全鞋。
□ 高处作业必须充足照明。
□ 高处作业所使用的工具、材料、零件等必须装入工具袋，上下时手中不得持物。
□ 作业使用的脚手架、防护板、安全网应按照相关安全规程搭设。
□ 六级以上大风以及暴雨、雷电、浓雾等恶劣天气情况时不准室外高处作业。
□ 高处作业与其他作业交叉进行时，上下垂直作业面的工作应错开时间分别作业，若必须同时进行作业时，须采取安全可行的隔离措施。
□ 高处作业过程中，严禁上下抛掷物品。
□ 高处作业区域，应设护栏和警告标志，禁止行人通过和在起吊物件下活动。
□ 作业结束后应及时清理作业现场，特别注意：避免工具 / 材料遗留在高处而掉落伤人。
□ 其他安全措施。

注：在合适的条款前打“√”</td></tr>
<tr><td colspan="4">监护人：　　　　　　　　　　申请人：　　年　月　日</td></tr>
<tr><td colspan="4">审批意见：

审批人签名：
年　月　日</td></tr>
<tr><td colspan="4">作业监护和作业后施工现场处理情况：

作业人签名：　　　　　　　　监护人签名：
年　月　日</td></tr>
</table>

注：高处作业审批表一式三份，作业申请人、审批人、资料存档各1份。

【任务评价】

<table>
<tr><th colspan="5">综合评价表</th></tr>
<tr><td>学习情境</td><td colspan="4">高处作业</td></tr>
<tr><td>评价项目</td><td>评价标准</td><td>分值</td><td>自评</td><td>师评</td></tr>
<tr><td>考勤</td><td>无无故迟到、早退、旷课现象</td><td>5</td><td></td><td></td></tr>
<tr><td>高处空间作业流程</td><td>能准确完成仿真操作流程前准备工作</td><td>20</td><td></td><td></td></tr>
<tr><td>仿真操作</td><td>按系统评分</td><td>30</td><td></td><td></td></tr>
<tr><td rowspan="2">实训作业</td><td>作业规范、操作准确</td><td>15</td><td></td><td></td></tr>
<tr><td>按系统评分</td><td>15</td><td></td><td></td></tr>
<tr><td>工作态度</td><td>态度端正、工作认真、主动</td><td>5</td><td></td><td></td></tr>
<tr><td>工作质量</td><td>能按计划完成作业任务</td><td>5</td><td></td><td></td></tr>
<tr><td>职业素质</td><td>能做到安全生产、文明施工，保护环境，爱护公共设施</td><td>5</td><td></td><td></td></tr>
<tr><td colspan="2">合计</td><td>100</td><td></td><td></td></tr>
<tr><td rowspan="2">综合评价</td><td>自评（30%）</td><td>培训人员评价（70%）</td><td colspan="2">综合得分</td></tr>
<tr><td></td><td></td><td colspan="2"></td></tr>
</table>

【巩固练习】

工作日志是近年来企事业单位比较流行的一个文种。按照通行的定义，工作日志是记录当天的工作内容及相关细节，并进行适当的工作分析，以达成个人目标管理的一种应用文。记工作日志，对于从事客服、销售、技术、行政、财务、人资等岗位的管理人员来说，显得尤为重要。长期坚持记好工作日志，并及时进行一些分析总结，是企业实现员工自我管理、强化管理者跟踪管理的有效手段，有助于推动工作开展，促进员工成长。

根据高处作业内容，完成工作日志。

拓展阅读：登高作业十不准

① 患有登高禁忌者，如患有高血压、心脏病、贫血、癫痫等的工人不登高。
② 未按规定办理高处作业审批手续的不登高。
③ 没有戴安全帽、系安全带，不扎紧裤口和无人监护不登高。
④ 暴雨、大雾、六级以上大风时，露天不登高。
⑤ 脚手架、跳板不牢不登高。
⑥梯子撑脚无防滑措施不登高。
⑦ 穿着易滑鞋和携带笨重物件不登高。
⑧ 石棉瓦和玻璃钢瓦上，无牢固跳板不登高。
⑨ 高压线旁无遮拦不登高。
⑩ 夜间照明不足不登高。

任务三 动火作业

【任务引入】

【案例】2018年12月17日11时许，河南省商丘市城乡一体化示范区河南省华航现代农牧产业集团有限公司南厂区一栋闲置厂房，在违规气割作业过程中引发火灾，造成11人死亡、1人受伤，建筑物过火面积3630 m²，直接经济损失1467万元。

事故原因：在未履行动火审批手续、气焊切割作业人员不具备特种作业资质、未落实现场监护措施、未配备有效灭火器材的情况下，违规进行气焊切割作业。

【任务分析】

动火作业六大禁令

① 动火证未经批准，禁止动火。

② 不与生产系统可靠隔绝，禁止动火。

③ 不清洗、置换不合格，禁止动火。

④ 不清除周围易燃物，禁止动火。

⑤ 不按时做动火分析，禁止动火。

⑥ 没有消防措施，禁止动火

动火作业流程如图6-4所示。

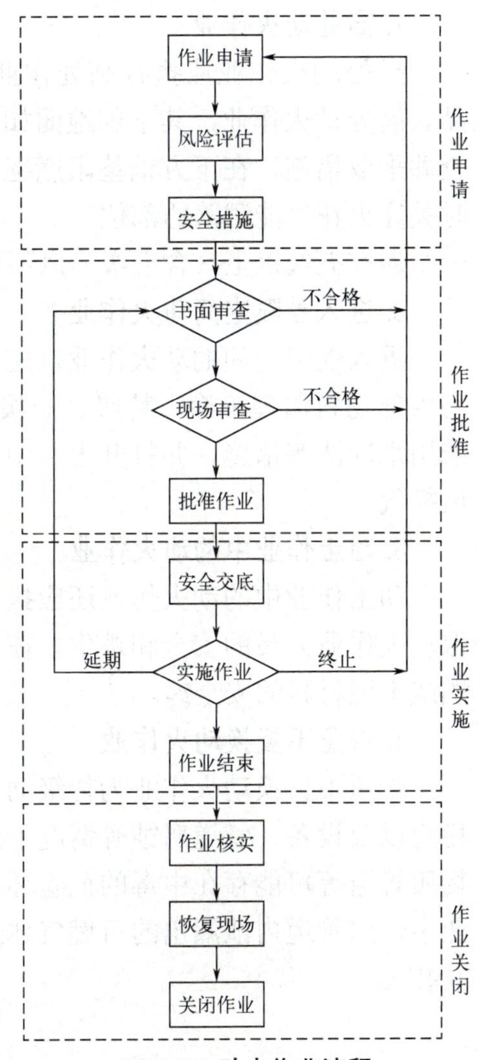

图6-4 动火作业流程

【任务目标】

① 知道动火作业的定义及分级；

② 能正确申请动火作业票；

③ 能安全进行动火作业。

【知识储备】

一、动火作业简介

动火作业：

① 能直接或间接产生明火的工艺设置以外的非常规作业，如使用电焊、气焊（割）、喷灯、电钻、砂轮等进行可能产生火焰、火花和炽热表面的非常规作业。可分为特殊动

火作业、一级动火作业和二级动火作业。

② 在生产运行状态下的易燃易爆生产装置、输送管道、储罐、容器等部位上及其他特殊危险场所进行的动火作业。带压不置换动火作业按特殊动火作业管理。

③ 在易燃易爆场所进行的除特殊动火作业以外的动火作业。厂区管廊上的动火作业按一级动火作业管理。

④ 除特殊动火作业和一级动火作业以外的禁火区的动火作业。凡生产装置或系统全部停车，装置经清洗、置换、取样分析合格并采取安全隔离措施后，可根据其火灾、爆炸危险性大小，经厂安全（防火）部门批准，动火作业可按二级动火作业管理。

二、动火作业种类

1. 高处动火作业

高处动火作业应执行高处作业安全许可标准，佩戴好阻燃安全带等防护用品。高处动火作业，其下部地面如有可燃物、空洞、阴井、地沟、水封等，应检查并采取措施，在下方铺垫阻燃毯、封堵孔洞等防止火花溅落，动火监护人应随时关注火花可能溅落的部位。

遇有五级以上（含五级）风不应进行室外高处动火作业。

2. 进入受限空间动火作业

进入受限空间的动火作业，应执行受限空间作业安全许可标准，并将受限空间内部物料清理干净。特级、一级动火还应采取蒸汽吹扫（或蒸煮）、氮气置换或用水冲洗等措施，并打开上、中、下部人孔，形成空气对流或采用机械强制通风换气。

3. 动土作业中的动火作业

动土作业中的动火作业还应执行动土作业安全许可标准，采取安全措施，确保动火作业人员的安全和逃生。在埋地管线操作坑内进行动火作业的人员应系阻燃或不燃材料的安全绳。

4. 带压不置换动火作业

带压不置换动火作业为特级动火作业，应严格执行标准要求。严禁在生产不稳定以及设备、管道腐蚀等情况下进行带压不置换动火；严禁在输送含有毒气体物质管道等可能存在中毒的危险环境下进行带压不置换动火。带压不置换动火作业中，由管道内泄漏出的可燃气体遇明火后形成的火焰，如无特殊危险，不宜将其扑灭。

【任务实施】

活动1：按要求完成动火作业流程

根据特殊动火作业票流程、一级动火作业票流程和二级动火作业票流程，自拟动火作业内容，并判定作业级别，准确完成作业票。

特殊动火作业票流程、一级动火作业票流程和二级动火作业票流程

动火作业级别	作业票流程
特殊动火作业票流程	（1）特殊动火作业票由分厂安全员出票，并建立出票记录。动火作业票一天一开，其有效期不得超过8小时。 （2）动火作业负责人到出票人处办理作业证并说明相关事项，在“动火负责人”一栏中签名，并指定动火单位监护人，动火单位监火人在“动火单位监火人”一栏签字。 （3）出票人对申请单位、项目主管、属地主管、作业票编号、动火时间进行填写，查看动火人的资质是否符合要求，并对动火时间、有害物质及特性、危险危害因素识别进行辨识、签字。 （4）由属地主管（专工或工段长）和动火负责人进行动火前安全措施的落实并签字。 （5）动火作业票经动火作业负责人、岗位负责人、属地主管、属地监护人、分厂安全员进行审核，补充安全措施，经相关人员落实并签字，再由分厂负责人审核签字认可并指定动火验收人员。 （6）动火作业票经所在地安全管理部、生产管理部门审核，补充安全措施，经相关人员落实并签字，由所在地总工程师或副经理签字进行特殊动火的许可。 （7）动火作业中的安全措施由相应的人员落实并签字。 （8）动火作业后的安全措施由相应的人员落实并签字，作业票由动火负责人交至出票人，出票人留档
一级动火作业票流程	（1）分厂安全员出票，并建立出票记录。动火作业票一天一开，其有效期不得超过8小时。 （2）动火作业负责人到出票人处办理作业证并说明相关事项，在“动火负责人”一栏中签名，并指定动火单位监火人，动火单位监火人在“动火单位监火人”一栏签字。 （3）出票人对申请单位、项目主管、属地主管、作业票编号、动火时间进行填写，查看动火人的资质是否符合要求，并对动火时间、有害物质及特性、危险危害因素识别进行辨识、签字。 （4）由属地主管（专工或工段长）和动火负责人进行动火前安全措施的落实并签字。 （5）动火作业票经动火作业负责人、岗位负责人、属地主管、属地监护人、分厂安全员进行审核，补充安全措施，经相关人员落实并签字，再由分厂负责人审核签字认可后，方能完成一级动火许可，同时分厂负责人指定动火验收人员。 （6）动火作业中的安全措施由相应的人员落实并签字。 （7）动火作业后的安全措施由相应的人员落实并签字，作业票由动火负责人交至出票人，出票人留档

续表

动火作业级别	作业票流程
二级动火作业票流程	（1）二级动火作业票由分厂安全员出票，并建立出票记录。动火作业票一天一开，其有效期不得超过24小时。 （2）动火作业负责人到出票人处办理作业证并说明相关事项，在“动火负责人”一栏中签名，并指定动火单位监火人，动火单位监火人在“动火单位监火人”一栏签字。 （3）出票人对申请单位、项目主管、属地主管、作业票编号、动火时间进行填写，查看动火人的资质是否符合要求，并对动火时间、有害物质及特性、危险危害因素识别进行辨识、签字。 （4）由属地主管（专工或工段长）和动火负责人进行动火前安全措施的落实并签字。 （5）动火作业票经动火作业负责人、岗位负责人、属地监护人、分厂安全员进行审核，补充安全措施，经相关人员落实并签字，再由属地主管（专工或工段长）审核签字后，完成二级动火许可，二级动火的验收人为岗位负责人和属地主管。 （6）动火作业中的安全措施由相应的人员落实并签字。 （7）动火作业后的安全措施由相应的人员落实并签字，作业票由动火负责人交至出票人，出票人留档

自拟动火作业票流程

作业内容	
作业级别	
作业票流程	

活动2：动火作业仿真操作

动火作业仿真界面如图6-5所示。

图6-5 动火作业仿真界面

M6-3 动火作业仿真演示

1. 动火作业前准备

S-1-1 选择动火作业申请人。

S-1-2 确认动火施工区域设立警示牌。

S-1-3 确认动火施工区域设立警戒线。

S-1-4 清理动火作业现场周围的纸箱。

S-1-5 清理动火作业现场周围的木头。

S-1-6 确认距动火点15m内的地沟、排水口封严盖实。

S-1-7 确认动火作业现场的消防器材到位、完好。

S-1-8 确认动火点部位已拆移到安全动火点处。

S-1-9 确认动火作业现场电焊机是否安全可靠。

S-1-10 确认动火作业现场气割是否安全可靠。

S-1-11 在背包中选取便携式可燃气体检测仪检测可燃气体浓度。

S-1-12 提出动火安全作业证申请。

S-1-13 作业单位进行风险评估。

2. 动火作业批准

S-2-1 选择动火作业批准人。

S-2-2 现场核查现场设备吹扫、清洗、置换、检测情况。

S-2-3 核查现场作业人员作业证。

S-2-4 将现场作业人员作业证贴到白板处。

S-2-5 核实现场作业人员防护装备的配备情况。

S-2-6 在背包中选取可燃气体检测仪复测氧气浓度、可燃气体浓度。

S-2-7 检查现场乙炔钢瓶和氧气钢瓶间隔不小于5m。

S-2-8 检查现场乙炔钢瓶距动火点间距不小于10m。

S-2-9 检查现场氧气钢瓶距动火点间距不小于10m。

S-2-10 检查现场乙炔钢瓶是否安装阻火装置。

S-2-11 检查现场乙炔钢瓶软管连接是否漏气。

S-2-12 检查现场氧气钢瓶是否安装阻火装置。

S-2-13 检查现场氧气钢瓶软管连接是否漏气。

S-2-14 核实现场安全消防设施的配备落实情况。

S-2-15 现场进行技术交底。

S-2-16 动火作业批准人在动火作业证上签字确认批准动火作业。

3. 动火作业实施

S-3-1 选择动火作业人。

S-3-2 动火作业人向现场监护人提交动火作业证。

S-3-3 选择动火作业监护人。

S-3-4 现场监护人在核实后在动火作业证上签字。

S-3-5 将动火作业证贴到白板上。

S-3-6 选择动火作业人。

S-3-7 动火作业人开始进行动火作业。

4. 动火作业结束

S-4-1 动火作业结束，动火作业人交回手续。

S-4-2 检查现场余火是否熄灭。

S-4-3 清理动火作业现场电焊机。

S-4-4 清理动火作业现场气割。

S-4-5 清理动火作业现场灭火器。

S-4-6 清理动火作业现场灭火毯。

S-4-7 清理动火作业现场乙炔钢瓶。

S-4-8 清理动火作业现场氧气钢瓶。

S-4-9 脱下个人防护用品。

S-4-10 选择动火作业监护人。

S-4-11 动火监护人在动火作业证上签字验收。

【任务评价】

<table>
<tr><td colspan="5">综合评价表</td></tr>
<tr><td>学习情境</td><td colspan="4">动火作业</td></tr>
<tr><td>评价项目</td><td>评价标准</td><td>分值</td><td>自评</td><td>师评</td></tr>
<tr><td>考勤</td><td>无无故迟到、早退、旷课现象</td><td>5</td><td></td><td></td></tr>
<tr><td>动火空间作业流程</td><td>能准确完成仿真操作流程前准备工作</td><td>20</td><td></td><td></td></tr>
<tr><td>仿真操作</td><td>按系统评分</td><td>30</td><td></td><td></td></tr>
<tr><td rowspan="2">实训作业</td><td>能自构动火作业流程、准确判断作业等级</td><td>15</td><td></td><td></td></tr>
<tr><td>准确完成作业票</td><td>15</td><td></td><td></td></tr>
<tr><td>工作态度</td><td>态度端正、工作认真、主动</td><td>5</td><td></td><td></td></tr>
<tr><td>工作质量</td><td>能按计划完成作业任务</td><td>5</td><td></td><td></td></tr>
<tr><td>职业素质</td><td>能做到安全生产、文明施工，保护环境，爱护公共设施</td><td>5</td><td></td><td></td></tr>
<tr><td colspan="2">合计</td><td>100</td><td></td><td></td></tr>
</table>

<table>
<tr><td rowspan="2">综合评价</td><td>自评（30%）</td><td>培训人员评价（70%）</td><td>综合得分</td></tr>
<tr><td></td><td></td><td></td></tr>
</table>

【巩固练习】

通过学习动火作业，谈谈你的收获与感想。

拓展阅读：电焊气割安全“十不干”

① 无特种作业操作证，不焊割！

提醒：焊工必须持证上岗，无特种作业操作证的人员，不准进行焊割作业！

② 雨天露天作业无可靠安全措施，不焊割！

提醒：雨天容易造成脚下湿滑，发生滑倒或坠落。同时雨天人体电阻较小，易触电。

③ 装过易燃、易爆及有害物品的容器，未进行彻底清洗、未进行可燃浓度检测不焊割！

提醒：容器内部可能产生有毒气体和有害气体，未经清洗处理就实施焊接作业，可能导致中毒或者火灾事故。

④ 在容器内工作无12V低压照明或通风不良，不焊割！

提醒：当照明不足时，容易发生误操作或其他安全隐患；焊接过程中会产生有毒有害气体和烟尘，在通风不良情况下容易发生中毒事故。

⑤ 设备内无断电、设备未卸压，不焊割！

提醒：设备未断电就进行焊接，会发生触电事故；压力容器未泄压就进行焊接，容易导致气体或液体喷出。

⑥ 作业区周围有易燃易爆物品未消除干净，不焊割！

提醒：易燃易爆物品未消除干净，容易被火星引燃。

⑦ 焊体性质不清、火星飞向不明，不焊割！

提醒：焊接物体性质不明，易发生不可预见性事故。

⑧ 设备安全附件不全或失效不焊割！

提醒：电焊机的焊把线、接地线、焊钳，以及乙炔瓶上的回火阀、易熔塞等附件，是确保焊割作业安全性的重要设施。

⑨ 锅炉、容器等设备内无专人监护、无防护措施不焊割！

提醒：有限空间或密闭空间内焊割时，必须有专人警戒和监护，以便在发生危险情况时及时处置。

⑩ 禁火区内未采取安全措施或未办理动火手续，不焊割！

提醒：禁火区内火灾风险等级高，在禁火区内实施焊割作业，一般实行（三级）审批制。

让安全成为习惯，请不要违规焊割！

任务四　盲板抽堵作业

【任务引入】

【案例1】2017年7月12日16时50分左右，陕西一发电公司5号机组除氧器预留管口盲板发生爆裂事故，造成2人死亡、1人受伤，直接经济损失227.9万元。

事故原因：爆裂的盲管堵板焊接无孔平端盖不符合国家标准要求，在机组长期运行过程中，因工作应力和热应力的连续作用，最终导致突然爆开。

【案例2】2015年3月3日，某化肥公司在检维修过程中，拆开气化炉的气液分离器底部法兰盲板，高压蒸汽喷出，造成现场3名作业人员（2名检维修人员、1名监护人员）烫伤死亡。

事故原因：该公司相关部门在生产系统还没有停车时，就签发检修作业票；检修人员在未确认的情况下拆开法兰盲板，致使高压蒸汽喷出，导致事故发生。

盲板作业是切断危险物料，防止事故发生的有效手段，在抽堵盲板作业过程中存在着很大的风险，必须严格按照规范进行作业，防止事故的发生。

【任务分析】

抽堵盲板作业如图6-6所示，作业过程中的主要安全风险有以下几种：

（1）中毒窒息　在初始打开存有有毒有害介质管线上的导淋或阀门法兰口时容易中毒窒息。

图6-6　盲板抽堵作业示意

（2）火灾爆炸　在存有易燃易爆介质的管线设备，因安全处置不彻底，未使用防爆铜质工具拆卸螺栓，敲击管线或设备产生火花、作业人员未穿防静电服产生静电火花、通风不良易聚积可燃物质、未使用防爆照明引发火灾发生爆炸。

（3）物体打击　在高空进行盲板作业时，使用打击扳手、大锤、其他工具若没有防坠绳易坠落，攀登高空时，未使用工具袋，徒手拿工具；拆卸螺栓未使用盛螺栓盆，盲板未放至安全位置滑脱等容易坠落易造成物体打击。

（4）高处坠落　在高空进行盲板作业时，未搭设合格操作平台，作业时未系挂合格安全带，作业人员未经体检有禁忌证者登高作业、使用梯子未固定，临边孔洞未防护进行盲板作业容易发生坠落。

（5）灼烫伤　在盲板作业时管线设备内介质温度超过60℃或低于–10℃容易灼烫伤或冻伤。拆卸阀门连接法兰螺栓或打开导淋时，防护不到位容易出现管线或设备内的残余介质灼烫伤的危险。

（6）触电　在盲板作业时使用电动工具，在易燃易爆区未使用防爆工具，电源箱配置不合格未设二次接地、未使用防爆照明，使用电动工具及电源箱的电源线不符合要求，有老化、破损、未采取绝缘保护等容易引发触电事故的危害。

抽堵盲板主要安全风险分析表见表6-3。

表6–3　抽堵盲板主要安全风险分析表

序号	工作步骤	危害	安全风险
1	施工前	未办理盲板抽堵作业证	火灾、爆炸、人员伤害、财产损失
		未按照盲板抽堵作业证规定的时间抽堵盲板，延时	发生意外事故、人员伤害、财产损失
		无施工方案	设备设施损坏、人员伤害、其他伤害
2	施工中	施工现场无安全警示标志	人员伤害、财产损失
		不置换分析盲目进入	人员伤害、财产损失
		无人监护，不采取措施，擅自进入	人员伤害
		擅自变更盲板作业内容	设备设施损坏、人员伤害
		在禁火区使用易产生火花的工具	火灾、爆炸
		施工中发现有毒有害物质时不采取防范措施	人员伤害
		未及时拆除盲板采取防范措施	设备设施损坏、人员伤害、其他伤害

【任务目标】

① 知道盲板作业流程；

② 学会判断作业时的主要风险；

③ 能准确进行盲板作业。

【知识储备】

盲板抽堵作业是指在设备抢修或检修过程中，设备、管道内存有物料及一定温度、压力情况时的盲板抽堵，或设备、管道内物料经吹扫、置换、清洗后的盲板抽堵。

盲板的正规名叫法兰盖，有的也叫作盲法兰或者管堵。它是中间不带孔的法兰，用于封堵管道口。其所起到的功能和封头及管帽是一样的，但盲板密封是一种可拆卸的密封装置，而封头的密封不可再打开。

盲板及垫片要求：

① 应根据管道内介质的性质、温度、压力和管道法兰密封面的口径等选择相应材料、强度、口径和符合设计、制造要求的盲板及垫片。高压盲板使用前应经超声波探伤，并符合JB/T 450—2008《锻造角式高压阀门技术条件》的要求。

② 盲板的直径应依据管道法兰密封面直径制作，厚度应经强度计算。

③ 一般盲板应有一个或两个手柄，便于辨识、抽堵，8字盲板可不设手柄。

④ 应按管道内介质性质、压力、温度选用合适的材料做盲板垫片。

常见的盲板见图6-7。

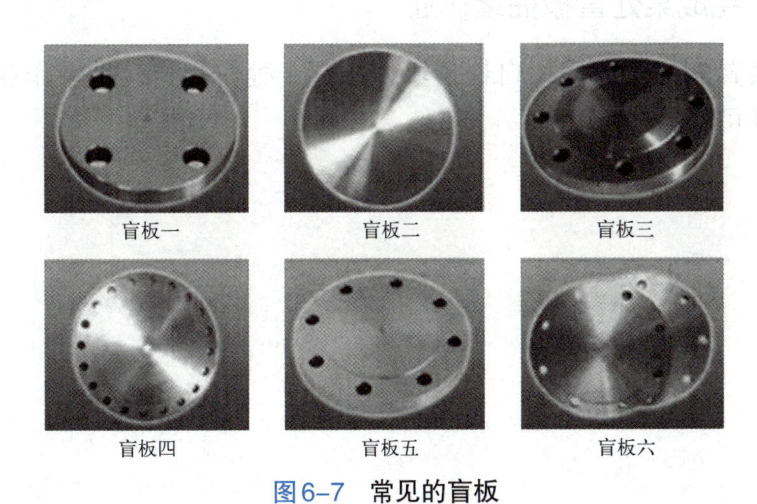

图6-7　常见的盲板

盲板抽堵作业人员类别及职责要求如表6-4所示。

表6-4　盲板抽堵作业人员类别及职责

盲板作业人员类别	主要职责
生产车间负责人	① 了解相关事项：应了解管道、设备内介质特性及走向，制定、落实盲板抽堵安全措施，安排监护人，向作业单位负责人或作业人员交代作业安全注意事项。 ② 有权停止作业：生产系统如有紧急或异常情况，应立即通知停止盲板抽堵作业。 ③ 组织检查：作业完成后，应组织检查盲板抽堵情况
作业监护人	① 熟悉工艺操作和设备状况，具有判断和处理异常情况的能力。 ② 检查作业许可证与作业内容相符情况以及各项风险防控措施落实情况。 ③ 对作业点上下游阀门的有效隔离和上锁挂牌情况进行检查确认，发现异常中止作业。 ④ 作业期间不得离开作业现场或从事与监护无关的工作。 ⑤ 盲板抽堵作业结束后由生产工艺人员进行检查确认

作业单位应按照位置图进行盲板抽堵作业，并对每个盲板进行标识，标牌编号应与盲板位置图上的盲板编号一致，危险化学品企业应逐一确认并做好记录。盲板标识的要求如下：

① 位置正确。确认隔离位置是否正确，是否有效隔离危险物质。

② 数量准确。确认隔离点数量是否全面，是否有遗漏。

③ 容易发现。便于检查人员发现盲板，避免恢复时忘记抽出。

【任务实施】

M6-4 盲板抽堵流程

活动1：观看视频，总结盲板作业流程

活动2：完成某处盲板抽堵作业

以传热装置为作业载体，自构情境，任选一处作为盲板抽堵作业部位，按要求完成作业许可证。

【任务评价】

<table>
<tr><td colspan="5">综合评价表</td></tr>
<tr><td>学习情境</td><td colspan="4">盲板抽堵作业</td></tr>
<tr><td>评价项目</td><td>评价标准</td><td>分值</td><td>自评</td><td>师评</td></tr>
<tr><td>考勤</td><td>无无故迟到、早退、旷课现象</td><td>5</td><td></td><td></td></tr>
<tr><td>盲板抽堵作业流程</td><td>能准确总结盲板作业流程</td><td>30</td><td></td><td></td></tr>
<tr><td rowspan="2">实训作业</td><td>能自构盲板抽堵作业现象</td><td>10</td><td></td><td></td></tr>
<tr><td>准确完成作业票</td><td>30</td><td></td><td></td></tr>
<tr><td>工作态度</td><td>态度端正、工作认真、主动</td><td>5</td><td></td><td></td></tr>
<tr><td>工作质量</td><td>能按计划完成作业任务</td><td>10</td><td></td><td></td></tr>
<tr><td>职业素质</td><td>能做到安全生产、文明施工，保护环境，爱护公共设施</td><td>10</td><td></td><td></td></tr>
<tr><td colspan="2">合计</td><td>100</td><td></td><td></td></tr>
</table>

<table>
<tr><td rowspan="2">综合评价</td><td>自评（30%）</td><td>培训人员评价（70%）</td><td>综合得分</td></tr>
<tr><td></td><td></td><td></td></tr>
</table>

【巩固练习】

工作日志一般由发生时间、工作内容、工作分析、下一步计划等环节构成。主要记录今天在什么时间段，分别完成了哪些工作；遇到了什么困难或问题，其根源在哪里；准备怎样去解决这些问题。

根据盲板抽堵作业情况，完成工作日志。

拓展阅读：安全生产“四心”

1. 专心

要求我们要热爱自己的工作，干一行爱一行，不能仅仅只把工作当成赖以谋生的手段，去被动地应付工作，这样工作效率就会下降，工作中的激情和成就感就会荡然无存。对工作敷衍了事，将埋下事故的种子，进而付出血的代价。生活中，不是每一个人都能从事自己喜欢的工作，在没有能力改变现状时，我们应该积极调整自己的心态，去适应环境，创造机会去赢得属于自己的天地。慢慢地你会发现自己逐渐喜欢上了现在的一切，从而富有激情，工作成绩自然不断提升，使自己上升到一个新的高度。

2. 虚心

要求我们在工作中不耻下问，积极进取，努力提高自己的专业技能和理论水平。工作中遇到不懂、不会的，一定不能放过，只有工作水平提高了，才能出色地完成工作任务。一知半解、糊里糊涂地去工作，也许你的一次错误，付出的将是生命的代价。安全生产没有及格，只有满分。

3. 细心

细节决定成败。粗心，是生活中每个人都曾犯过的错，安全生产中绝不允许犯粗枝大叶的毛病，仅仅一时疏忽，使企业遭受成百上千万的损失，甚至是血的或生命的代价。我们要养成事前查、事后查、互相查的好习惯，杜绝麻痹大意的事情发生。

4. 责任心

任何人，不管他工作水平多高，能力多强，如果没有责任心，那么他都不可能成为一名合格的公司员工或管理者。较强的责任心，应该是每位员工或管理者都要具备的基本素质，只有本着对自己负责、对他人负责、对公司负责，才能对每件事情高标准严要求，工作才能兢兢业业。

项目七

安全事故应急处理

任务一　浓硫酸喷溅伤人事故应急处理

【任务引入】

【案例】浓硫酸喷溅意外伤人事故案例分析

事故背景：某石化企业曾经发生过一起浓硫酸意外溢出伤害事故，事故当天，该厂两名操作工正在上夜班。一名操作工在处理硫酸管一个泄漏点时，大量浓硫酸突然从送酸泵盖中溢出。突如其来的意外情况，使在场的两名操作工不知所措，呆立在那里，没有及时躲闪，浓硫酸喷溅到衣服上，衣服被烧破，一名操作工的脸也被浓硫酸严重灼伤，被送到医院住院治疗。

事故描述：事故发生前，硫酸储罐液位连续上涨。班长经核准后判断是调节阀堵塞所致。班长联系仪表检修班去现场进行处理，同时嘱咐外操做好检修前的准备工作。检修工到现场后，按正常程序进行了交接，然后开始拆卸检修，在拆除调节阀时，阀前法兰处有硫酸喷溅出来，造成检修工 A 面部及颈部严重烧伤。事故发生后，检修工 A 立即跑到喷淋处进行了水冲洗处理，等待医护人员前来接应。

事故原因：处理事故阀门前，外操交接不清且阀门未关严，检修工在浓硫酸未排空的情况下对调节阀进行检修，在拆卸调节阀时，阀前法兰处喷溅出浓硫酸造成检修工面部及颈部严重烧伤。

【任务分析】

浓硫酸是一种无色、黏稠的液体，它是一种强酸，可以溶解许多金属和其他物质。浓硫酸具有强烈的腐蚀性和氧化性，需要在使用时小心处理。如果不慎接触到浓硫酸，应立即采取适当的急救措施，并尽快就医。

浓硫酸溅射后的应急处理措施包括以下几点：

（1）使用干布或干纸巾轻轻擦拭皮肤，以吸走尽可能多的硫酸。

（2）用大量流动清水冲洗受伤部位，以减少硫酸对皮肤的进一步伤害，注意不要使用热水，因为热水的刺激可能会增加皮肤的损伤。

（3）如果伤口严重或出现焦黑色，可以使用小苏打水或碳酸氢钠溶液进行冲洗，以中和残余的硫酸。

（4）可以涂抹抗菌药物如银锌霜软膏或红霉素软膏，以预防感染。

（5）如果损伤范围较大或症状严重，如皮肤发黑或坏死，应立即前往医院进行专业治疗，可能需要植皮等进一步处理。

（6）避免直接用强碱性物质（如浓氨水）处理伤口，因为这可能会对皮肤造成进一步伤害。

此外，在处理过程中，尽量减少硫酸与皮肤的接触时间，并确保采取适当的安全措施，如戴手套和使用防护眼镜。

【任务目标】

① 知道浓硫酸的性质及用途；

② 能正确处理硫酸喷溅应急事故；

③ 培养严谨、认真的工作态度。

【知识储备】

一、硫酸及其性质

1. 硫酸的用途

硫酸（化学式：H_2SO_4）是硫的最重要的含氧酸，酸性强。无水硫酸为无色油状液体，10.36℃时结晶。通常使用的是它的各种不同浓度的水溶液，用塔式法和接触法制取。前者所得为粗制稀硫酸，质量分数一般在75%左右；后者可得质量分数为98.3%的浓硫酸，沸点338℃，相对密度1.84。

硫酸是一种活泼的二元无机强酸，能和绝大多数金属发生反应。高浓度的硫酸有强烈吸水性，可用作脱水剂，碳化木材、纸张、棉麻织物及生物皮肉等含碳水化合物的物质，与水混合时，亦会放出大量热能。其具有强烈的腐蚀性和氧化性，故需谨慎使用。

硫酸同时也是一种重要的工业原料，可用于制造肥料、药物、炸药、颜料、洗涤剂、蓄电池等，常用作化学试剂，在有机合成中可用作脱水剂和氧化剂。在农业领域，也可作为碱性土壤改良剂以及化肥生产原料。作为基础化工原料，广泛应用于有色金属的冶炼、石油精炼和石油化工、纺织印染、无机盐工业、某些无机酸和有机酸、橡胶工业、油漆工业以及国防军工、医药、制革、炼焦等工业部门，此外还用于钢铁酸洗。

2. 硫酸的性质

（1）毒性　硫酸属中等毒类。对皮肤黏膜具有很强的腐蚀性。最高容许浓度：$2mg/m^3$。

① 短期过量暴露的影响：

吸入：吸入高浓度的硫酸酸雾能引起上呼吸道刺激症状，严重者发生喉头水肿、支气管炎甚至肺水肿。

眼睛接触：溅入硫酸后引起结膜炎及水肿，角膜浑浊以至穿孔。

皮肤接触：局部刺痛，皮肤由潮红转为暗褐色。

口服：误服硫酸后，口腔、咽部、胸部和腹部立即有剧烈的灼热痛，唇、口腔、咽部均见灼伤以致形成溃疡，呕吐物及腹泻物呈黑色血性，胃肠道穿孔。口服浓硫酸致死量约为5mL。

② 长期暴露的影响：长期接触硫酸酸雾者，可有鼻黏膜萎缩，伴有嗅觉减退或消失、慢性支气管炎和牙齿酸蚀等症状。

（2）火灾和爆炸性　本品虽不燃，但很多反应却会起火或爆炸，如与金属反应会产生可燃性气体，与水混合会大量放热。着火时也不能用干粉、泡沫灭火等方法，因为干粉，泡沫的一些成分能与硫酸反应，应用二氧化碳灭火器扑灭火焰后再用石灰、石灰石等中和废酸。

想一想

为什么在稀释硫酸时决不可将水注入酸中，只能将硫酸注入水中，并且要缓慢注入同时不断搅拌？

（3）化学反应性　本品为强氧化剂，与可燃性、还原性物质激烈反应，也能与高锰酸钾反应生成极度危险的高锰酸酐。

二、硫酸的防护与急救

1. 防护

吸入：硫酸酸雾浓度超过暴露限值，应佩戴防酸型防毒口罩。

眼睛：戴化学防溅眼镜。

皮肤：戴橡胶手套，穿防酸工作服和胶鞋。工作场所应设安全淋浴和眼睛冲洗器具。

2. 急救

吸入：将患者移离现场至空气新鲜处，有呼吸道刺激症状者应吸氧。

眼睛：张开眼睑用大量清水或2%碳酸氢钠溶液彻底冲洗。

皮肤：立即用大量冷水冲洗（浓硫酸对皮肤腐蚀强烈，实际操作应直接用大量冷水冲洗），然后涂上3%～5%的碳酸氢钠溶液，以防灼伤皮肤。

口服：立即用氧化镁悬浮液、牛奶、豆浆等内服。

注：所有患者应请医生或及时送医疗机构治疗。

三、硫酸的安全管理

1. 泄漏处理

迅速撤离泄漏污染区人员至安全区，并进行隔离，严格限制出入。建议应急处理人员戴自给正压式呼吸器，穿防酸碱工作服。不要直接接触泄漏物。尽可能切断泄漏源。防止流入下水道、排洪沟等限制性空间。

小量泄漏：用砂土、干燥石灰或苏打灰混合。也可以用大量水冲洗，洗水稀释后放入废水系统。大量泄漏：构筑围堤或挖坑收容。用泵转移至槽车或专用收集器内，回收或运至废物处理场所处置。

2. 操作

密闭操作，注意通风。操作尽可能机械化、自动化。操作人员必须经过专门培训，严格遵守操作规程。建议操作人员佩戴自吸过滤式防毒面具（全面罩），穿橡胶耐酸碱服，戴橡胶耐酸碱手套。远离火种、热源，工作场所严禁吸烟。远离易燃、可燃物。防止蒸气泄漏到工作场所空气中。避免与还原剂、碱类、碱金属接触。搬运时要轻装轻卸，防止包装及容器损坏。配备相应品种和数量的消防器材及泄漏应急处理设备。倒空的容器可能残留有害物。稀释或制备溶液时，应把酸加入水中，避免沸腾和飞溅。

3. 储存

储存于阴凉、通风的库房。库温不超过35℃，相对湿度不超过85%。保持容器密封。应与易（可）燃物、还原剂、碱类、碱金属、食用化学品分开存放，切忌混储。储区应备有泄漏应急处理设备和合适的收容材料。

4. 运输

本品铁路运输时限使用钢制企业自备罐车装运，装运前需报有关部门批准。铁路非罐装运输时应严格按照《危险货物运输规则》中的危险货物配装表进行配装。起运时包装要完整，装载应稳妥。运输过程中要确保容器不泄漏、不倒塌、不坠落、不损坏。严禁与易燃物或可燃物、还原剂、碱类、碱金属、食用化学品等混装混运。运输时运输车辆应配备泄漏应急处理设备。运输途中应防暴晒、雨淋，防高温。公路运输时要按规定路线行驶，勿在居民区和人口稠密区停留。

四、事故应急预案组织构架与响应程序

常见的事故应急预案组织构架如图7-1所示，小组成员职责见表7-1。

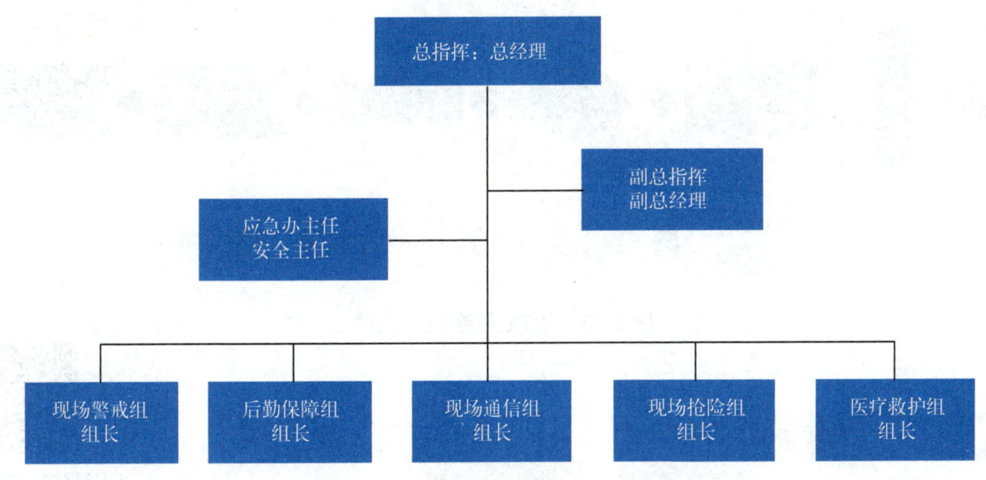

图7-1 常见的事故应急预案组织构架

表7-1 小组成员职责

成员	职责
总指挥	全面领导组织指挥应急救援工作
副总指挥	协助总指挥全面开展应急救援具体工作
应急办主任	协助各应急小组准备、实施、开展应急救援的相关工作
现场警戒组	负责事故现场的警戒、安保、疏散工作
后勤保障组	负责应急救援物资、车辆、水电等后勤支援保障工作
现场通信组	负责应急救援的对外对内通信联络、保障、服务工作
现场抢险组	负责事故的控制、抢险、扑救、消防、恢复等相关工作
医疗救护组	负责事故现场伤员紧急救治、护送抢救等工作

事故应急响应程序如图7-2所示。

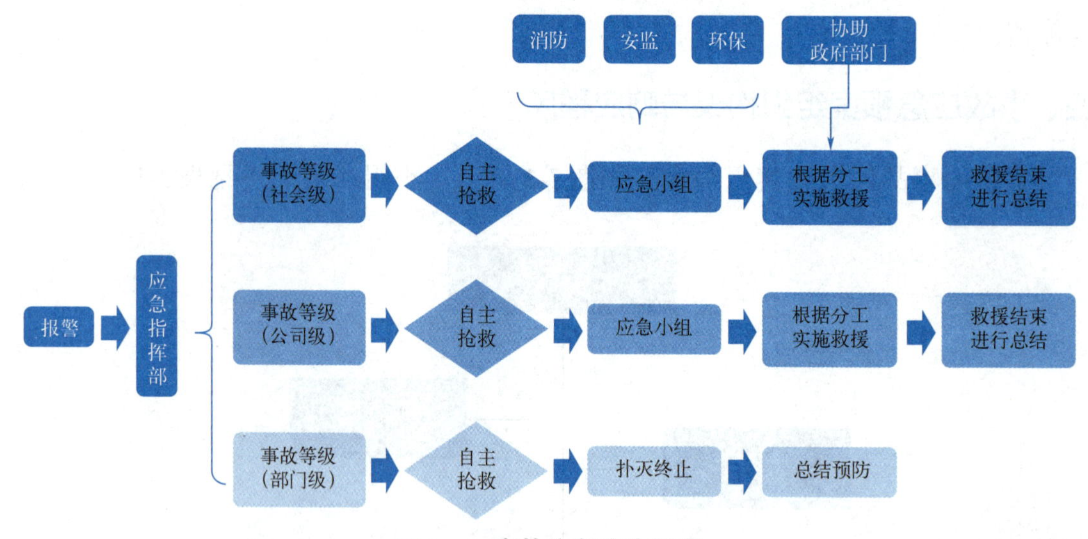

图7-2　事故应急响应程序

M7-1　浓硫酸泄漏处理仿真操作

【任务实施】

活动：按要求进行事故应急演练

根据事故情境，进行角色扮演，还原事故并进行处理、分析和总结。写出上述事故中涉及的岗位及相关岗位职责。

【任务评价】

考核内容及分值	评分标准	组间评价与记录	教师评价与记录	得分
岗位选择及职责确认（10分）	1. 岗位选择正确（5分） 2. 岗位职责明确（5分）			
事故还原（40分）	1. 个人防护（10分） 2. 仪表仪态（5分） 3. 内容正确性（20分） 4. 语言表达（5分）			
事故处理（50分）	1. 安全防护（10分） 2. 应急处理行为（30分） 3. 安全职业素养（10分）			
总成绩				

【巩固练习】

根据事故现象，结合下述表述，选择合适的序号填入下表。

① 操作班长：扣除半月奖金。

② 检修班长：扣除当月奖金，并作出书面检查，留职察看。

③ 外操 B：下岗学习，扣除当月奖金。考核合格后重新上岗。

④ 对于本次事故，全厂进行了通报，并要求各单位引以为戒，结合本单位实际情况，举一反三，加强安全教育及业务技能学习，吸取教训，警钟长鸣，杜绝类似事故。

⑤ 酸库所在车间对全体员工进行现场培训教育，把事故的原因讲透彻，并结合实际进行演练，举一反三，严防各类事故的再次发生。

⑥ 检修班长督导不力，没有及时提醒和掌控，是造成事故的重要原因。

⑦ 外操 B 交接不清，且阀门没关严，是造成事故的主要原因。

⑧ 外操 B 在交接时没有讲清楚管内会残留硫酸，致使检修工放松了警惕。

⑨ 检修班长现场督导不力，没有给予适当的警示。

⑩ 检修工 A 是新员工，经验不足，防范意识欠缺。

⑪ 外操 B 没有将阀前切断阀关严，加大了事故的发生概率。

事故处理	整改	责任界定	事故原因

拓展阅读：自救与互救

在发生化工安全事故时，会自救的往往能绝处逢生，而不会自救的往往要付出生命的代价，因此，掌握化工安全事故中的自救互救的方法是非常必要的。此处主要介绍泄漏事故和火灾爆炸事故的自救与互救。

1. 泄漏事故自救与互救

如果发生危险化学品泄漏事故，可能对事故区域内人群安全构成威胁。首先要看清风向标，向上风向疏散，切忌慌乱。当发生有毒气体泄漏时，应避开泄漏源向上风向疏散、撤离；若有毒气体密度大于空气时，不要滞留在低洼处或避开低洼处；若有毒气体密度小于空气时，尽量采取低姿势爬行，头部越贴近地面越佳，但仍应注意爬行的速度。

2. 火灾爆炸事故自救与互救

当发生火灾、爆炸时，应注意顺着安全出口方向逃生；以湿毛巾或手帕掩住口鼻，可避免浓烟的侵袭。浓烟中采取低姿势爬行，越靠近地面空气越新鲜。

任务二 氯乙烯泄漏中毒事故应急处理

【任务引入】

实训情境：在聚氯乙烯树脂生产过程中，氯乙烯从出料管与氯乙烯贮槽结合处泄漏，可燃气体报警仪报警，现场有人晕倒。

【任务分析】

聚氯乙烯树脂（PVC）主要有四种生产方法：悬浮聚合法、本体聚合法、乳液聚合法和微悬浮聚合法，其中悬浮法生产聚氯乙烯占聚氯乙烯总产量的80%左右。

本实训装置采用氯乙烯悬浮法聚合，将液态氯乙烯单体（VCM）在搅拌作用下分散成液滴悬浮于水介质中进行聚合（图7-3）。溶于单体中的引发剂，在聚合温度（45～65℃）下分解成自由基，引发氯乙烯单体聚合。水中溶有分散剂，以防聚合达到一定转化率后PVC-VCM溶胀粒子粘连。悬浮法生产聚氯乙烯的主要化学反应如下：

M7-2 聚氯乙烯生产工艺

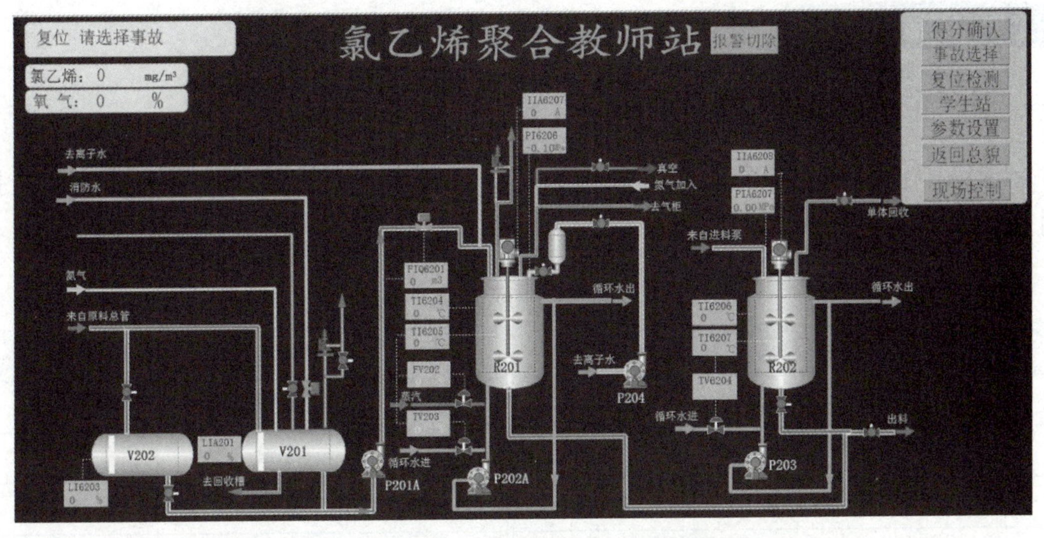

图7-3 聚氯乙烯树脂生产工艺流程图

$$nC_2H_3Cl \longrightarrow \lbrack CH_2—CHCl \rbrack_n + Q$$

氯乙烯悬浮聚合过程大致如下：先将去离子水经泵加入聚合釜内，分散剂以稀溶液状态从计量槽加入釜内，其他助剂从人孔投料。关闭人孔盖充氮气试压，确认不泄漏后，抽真空去除釜内的氧气。氯乙烯单体由氯乙烯工段送来，经单体计量槽加入聚合釜。引发剂自釜顶加料罐加入聚合釜。加料完成后，先开动聚合釜搅拌进行冷搅，然后往聚合釜夹套通入热水将釜内物料升温至规定的反应温度。当氯乙烯开始聚合反应并释放出热量后，往釜夹套内通入冷却水，并借循环水泵维持冷却水在大流量低温差下操作，将聚合反应热及时移走，确保聚合反应温度的恒定，聚合釜的温控采用自动化控制。

当釜内单体转化率达到85%以上时，釜内压力开始下降，根据聚氯乙烯生产型号对应不同的出料压力进行出料操作，釜内悬浮液借釜内余压压入出料槽，并往槽内通入蒸汽升温，脱除未聚合的氯乙烯单体，氯乙烯气体借槽内压力送氯乙烯气柜回收。经脱气后的浆料自出料槽底部排出，经树脂过滤器及浆料泵送入汽提塔顶部，浆料与塔底进入的蒸汽逆流接触进行传热传质过程，PVC树脂及水相中残留单体被上升的水蒸气汽提带逸，气相中的水分于塔顶冷凝器冷凝回流入塔内，不冷凝的氯乙烯气体借水环泵抽出排至气柜回收。经汽提后的浆料自塔底由浆料泵抽出送入混料槽待离心干燥处理。

【任务目标】

① 知道氯乙烯的物化性质及用途；
② 能叙述聚氯乙烯生产工艺流程；
③ 能快速、准确处理泄漏中毒事故。

【知识储备】

一、泄漏中毒事故的安全防护用品

泄漏中毒事故的应急救援，往往离不开各种安全防护用品，常见的安全防护用品如表7-2所示。

表7-2 泄漏中毒事故的安全防护用品

序号	名称	用途	序号	名称	用途
1	干粉灭火器	消防	9	防护服	身体防护
2	泡沫灭火器	消防	10	手套	手部防护
3	氯气捕消器	氯气捕消	11	担架	人员急救
4	正压式空气呼吸器	气防	12	喷淋洗眼器	冲洗
5	过滤式防毒面具	气防	13	静电触摸球	消除静电
6	过滤式防毒口罩	气防	14	风向标	指示风向
7	安全帽	头部防护	15	对讲机	内外操交流
8	防护眼镜	眼部防护			

二、氯乙烯的安全注意事项

聚乙烯安全周知卡如图7-4所示，聚氯乙烯生产装置安全警示牌如图7-5。

危险化学品安全周知卡

危险性类别	品名、英文名及分子式及CAS号	危险性标志
有毒 刺激	氯乙烯 Vinyl chloride C_2H_3Cl CAS号：75-01-4	剧毒

危险性理化数据	危险特性
熔点（℃）：−159.7 沸点（℃）：−13.9 相对密度（水=1）：0.91 饱和蒸气压（kPa）：346.53（25℃）	氯乙烯是有毒物质，肝癌与长期吸入和接触氯乙烯有关。它与空气形成爆炸混合物，爆炸极限4%~22%（体积），在压力下更易爆炸，贮运时必须注意容器的密闭及氮封，并应添加少量阻聚剂。

接触后表现	现场急救措施
急性毒性表现为麻醉作用；长期接触可引起氯乙烯病。急性中毒：轻度中毒时病人出现眩晕、胸闷、嗜睡、步态蹒跚等；严重中毒可发生昏迷、抽搐，甚至造成死亡。皮肤接触氯乙烯液体可致红斑、水肿或坏死。慢性中毒：表现为神经衰弱综合征、肝肿大、肝功能异常、消化功能障碍、雷诺氏现象及肢端溶骨症。皮肤可出现干燥、皲裂、脱屑、湿疹等。	皮肤接触：立即脱去污染的衣着，用肥皂水和清水彻底冲洗皮肤。就医。 眼睛接触：提起眼睑，用流动清水或生理盐水冲洗，就医。 吸入：迅速脱离现场至空气新鲜处。保持呼吸道通畅。如呼吸困难，给输氧。如呼吸停止，立即进行人工呼吸，就医。

身体防护措施

泄漏应急处理

应急处理：迅速撤离泄漏污染区人员至上风处，并进行隔离，严格限制出入，切断火源。建议应急处理人员戴自给正压式呼吸器，穿防静电工作服。尽可能切断泄漏源。用工业覆盖层或吸附/吸收剂盖住泄漏点附近的下水道等地方，防止气体进入。合理通风，加速扩散。喷雾状水稀释、溶解。构筑围堤或挖坑收容产生的大量废水。如有可能，将残余气或漏出气用排风机送至水洗塔或与塔相连的通风橱。漏气容器要妥善处理，修复、检验后再用。

浓度	当地应急救援单位名称	当地应急救援单位电话
MAC(mg/m^3):200	消防中心 人民医院	火警：119 急救：120

图7-4　氯乙烯安全周知卡

图7-5　聚氯乙烯生产装置安全警示牌

【任务实施】

实训装置通过声光电等方式模拟营造上述事故场景，让学员置身于逼真的事故场景中进行体验和应急演练，通过演练，学员可以直接掌握各类紧急情况下的现场应急处置方法，报警、报告流程，疏散逃生和现场自救、互救方法，可以培养学员的团队合作意识和风险意识，训练和考核学员的事故应急处理能力。本实训装置与化工生产安全技能竞赛装置相同。

M7-3　氯乙烯中毒事故处理演示

活动1：完成事故处理人员选择及岗位职责确认

根据事故现象，完成事故处理人员选择及岗位职责确认。

事故处理人员	岗位职责

活动2：结合实训装置，进行事故处理

1. 事故确认

① 外操确认有上述事故现象，通知内操。

② 向相关部门进行事故汇报。

2. 事故处理

① 中毒人员救援；

② 戴耐酸碱手套、穿防静电服、佩戴安全帽、佩戴空气呼吸器；

③ 静电消除；

④ 用担架将伤员运至安全地域；

⑤ 进行心肺复苏。

3. 现场隔离

用蒸汽保护泄漏现场。

4. 单体倒罐

① 开泄漏氯乙烯贮槽V201出料阀HV204。

② 开备用氯乙烯贮槽V202出料阀HV6221。

③ 待两槽液位平衡后，关V201出料阀HV204。

④ 关备用氯乙烯贮槽V202出料阀HV6221。

⑤ 开泄漏氯乙烯贮槽V201放水阀HV203，将剩余氯乙烯压入回收槽。

⑥ 氯乙烯回收完毕，关泄漏单体贮槽V201放水阀HV203。

⑦ 开泄漏氯乙烯储槽V201回收阀HV6219，回收气相氯乙烯至氯乙烯气柜。

⑧ 气相氯乙烯回收完毕，关回收阀HV6219。

5. 氮气置换

① 开放空阀HV223，氯乙烯贮槽V201泄压至常压。

② 关放空阀HV223。

③ 开氮气阀HV202给氯乙烯贮槽V201充压至0.2MPa。

④ 关氮气阀HV202。

⑤ 开放空阀HV223，氯乙烯贮槽V201泄压至常压。

【任务评价】

化工生产安全技能竞赛装置评分表

1	参赛队伍代码							
2	考核工艺名称	聚氯乙烯						
3	考核项目名称及代码	氯乙烯泄漏中毒 31						
4	考核时间							
5	评分项目							
5.1	裁判评分项目							扣分记录
5.1.1	物料标识	20 处，10 分	√ 适用					
5.1.2	重大危险源安全警示牌	聚氯乙烯	√ 适用			□ 1 分	□ 0 分	
5.1.3	危险化学品安全周知卡	1 处，1 分	√ 适用			□ 1 分	□ 0 分	
5.1.4	安全帽佩戴	安全帽	√ 适用		□ 2 分	□ 1 分	□ 0 分	
5.1.5	防护服选择	防静电服	√ 适用		□ 2 分	□ 1 分	□ 0 分	
5.1.6	护目镜佩戴	× 不适用						
5.1.7	防护手套选择	耐酸碱	√ 适用		□ 2 分	□ 1 分	□ 0 分	
5.1.8	防毒面具选择	空气呼吸器	√ 适用		□ 2 分	□ 1 分	□ 0 分	
5.1.9	消除静电		√ 适用		□ 2 分	□ 1 分	□ 0 分	
5.1.10	风向标识别	逆风或侧风	√ 适用	□ 2 分			□ 0 分	
5.1.11	心肺复苏		√ 适用	□ 5 分	□ 2 分	□ 1 分	□ 0 分	
5.1.12	开启洗眼器	× 不适用						
5.1.13	现场隔离		√ 适用		□ 2 分		□ 0 分	
5.1.14	盲板隔离	× 不适用						
	裁判评分项总得分 A	以上项目得分合计（ ）÷31×100=						
5.2	电脑评分项目							
5.2.1	事故汇报得分							
5.2.2	操作得分							
5.2.3	时效得分							
	电脑评分项总得分 B	以上项目得分合计 ( )×0.1=						
6	总成绩	A( )×30%+B( )×70%=						
7	成绩确认							
	裁判代表签字							
扣分依据								
危险化学品安全周知卡：氯乙烯。缺少或标识错误扣 1 分。								

【巩固练习】

根据作业任务，完成事故总结处理报告。

拓展阅读：危险化学品泄漏事故现场处置方案示例

危险化学品泄漏事故现场处置方案是为保证危险化学品泄漏事故发生后，能够及时控制事态扩大，防止事故蔓延，有效组织实施抢险救援，保证事故能够及时得到应急处理，最大限度地避免突发事故的发生，减轻事故所造成的损失而制定的。危险化学品泄漏事故现场处置方案示例见表7-3。

表7–3　危险化学品泄漏事故现场处置方案

<table>
<tr><td rowspan="4">事故特征</td><td>危险性分析</td><td>危险化学品储存或分装、使用中由于包装破损或操作不当造成的泄漏事故</td></tr>
<tr><td>事故可能发生的区域、地点、装置</td><td>危险化学品仓库、分装点，使用危险化学品的工位和设备设施</td></tr>
<tr><td>可能造成的伤害</td><td>危险化学品泄漏可能造成人员中毒、3类易燃危险化学品泄漏失控，遇明火发生燃烧爆炸事故，可能造成重大的人身伤害和经济损失事故</td></tr>
<tr><td>事故前可能出现的征兆</td><td>危险化学品泄漏发生的征兆：包装桶破损、出现裂口或出现微渗液</td></tr>
<tr><td rowspan="2">应急组织与职责</td><td>应急指挥小组</td><td>① 职责包括事故现场处置的指挥、组织、协调、决策等工作，并根据事故发展情况上报公司事故救援指挥部以及政府相关部门，并协助救援。
② 组成：组长（事故现场职务最高者）</td></tr>
<tr><td>应急抢救小组</td><td>① 职责：其职责包括在事故现场实施现场抢险救援，保证事故受伤人员能及时得到有效的处置。
② 组成：
组长：事故现场班组长；
组员：事故现场人员</td></tr>
<tr><td>预防措施</td><td colspan="2">①落实执行安全巡查制度，定期开展安全巡查，发现危险化学品泄漏事故、中毒事故隐患及时处理；
② 加强管理，防止危险化学品的跑、冒、滴、漏；
③ 加强危险化学品仓库和使用场所的排风设施及监控设施的维护保养，确保正常有效；
④ 在分装操作危险化学品时，严格按照操作规程操作；
⑤ 通风装置等安全设施处于完好状态</td></tr>
</table>

续表

现场处置	① 泄漏发现者第一时间将现场的门窗打开，同时检查机械通风机是否打开；使空气流通及加强泄漏区的强制排风以减少有毒气体在空气中的浓度；区域内人员立即撤离到室外迅速通知相关人员到事故现场进行处置。 ② 发生危险化学品泄漏时应停止一切设备操作。 ③ 管道发生泄漏时，应及时关闭供应阀。 ④ 包装物破损发生泄漏时，应将泄漏口朝上，把包装物内的液体转移到其他空桶内并上盖。 ⑤ 泄漏物处理：现场泄漏物要及时进行引流、覆盖、吸收、处理，使泄漏物得到安全可靠的处置，防止二次事故的发生；泄漏物处置主要有 3 种方法： a）引流：对于四处蔓延扩散的液体一时难以收集处理，采用引流的方法将泄漏的液体引流到安全地点； b）覆盖、吸收：对于泄漏量不大的液体可采用消防沙覆盖吸收泄漏的液体； c）废弃物处理：在应急救援过后所产生的液体废弃物转由专业公司处理或经过无害化处理后方可废弃
注意事项	① 进入现场人员必须配备必要的个人防护用品或专用器具； ② 设置现场警戒线严禁非相关人员进入现场； ③ 切断火源，严禁火种，使用不产生火花工具处理，防止火灾和爆炸事故的发生； ④ 救护人员应处于泄漏源的上风侧，不要直接接触泄漏物； ⑤ 应急处理时严禁单独行动要有监护人； ⑥ 危险化学品泄漏时除受过特别应急训练的人员外，其他任何人均不得尝试处理泄漏物； ⑦ 防止泄漏物进入水体、下水道、地下室或密闭空间
报告与电话	发现者——仓库管理员——现场主管——安全主任——总指挥或副总指挥。 值班电话：　　安全主任电话： 副总指挥电话：　　总指挥电话： 仓库管理员电话：　　医疗报警电话：120 外部报警电话：110

任务三 反应器出口物料泄漏着火事故应急处理

【任务引入】

实训情境：外操人员小王巡检过程中在甲醇合成工段发现甲醇合成塔R101合成气出口法兰处物料喷出着火，可燃气报警仪报警。针对上述事故现象，应该如何处理？

【任务分析】

甲醇生产装置按生产工序可分为：原料气制备单元、原料气净化单元、变换单元、压缩单元、甲醇合成单元、甲醇精制单元，本套装置只涉及甲醇合成单元且与化工生产安全技能竞赛装置相同。

本套装置的甲醇生产工艺流程如图7-6所示。新鲜气由压缩机压缩到所需要的合成压力与从循环机来的循环气混合后分为两路，一路为主线进入热交换器，将混合气预热到催化剂活性温度，进入甲醇合成塔进行甲醇合成反应；另一路副线不经过热交换器而是直接进入甲醇合成塔以调节进入催化剂床层的温度。反应后的高温气体进入热交换器与冷原料气换热后，进一步在水冷却器中冷却，然后在甲醇分离器中分离出液态粗甲醇，送精馏工序提纯制备精甲醇，未反应的气体大部分进循环机增压后返回系统循环使用。

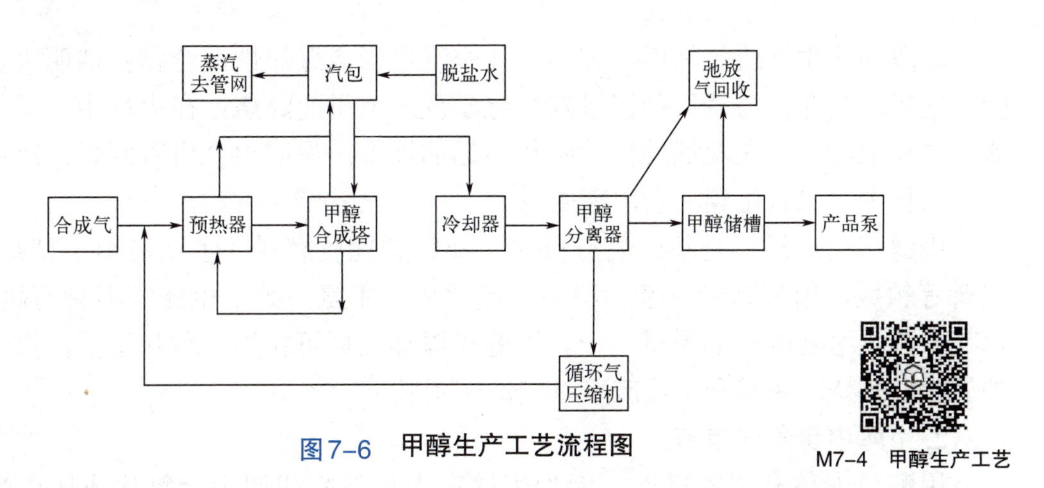

图7-6 甲醇生产工艺流程图

M7-4 甲醇生产工艺

甲醇合成塔类似于一般的列管式换热器，列管内装填催化剂，管外为沸腾水，原料气经预热后进入反应器列管内进行甲醇合成反应，放出的热量很快被管外的沸腾水移走，管外沸腾水与锅炉汽包维持自然循环，汽包上装有蒸汽压力控制器，通过调节汽包的压力，可以有效地控制甲醇合成塔反应床层的温度。

【任务目标】

① 知道甲醇的物化性质及用途；
② 能辨识甲醇生产中的危险源；
③ 能快速、准确处理甲醇泄漏中毒事故。

【知识储备】

一、甲醇基础知识

1. 甲醇的性质及应用

甲醇（CH_3OH）：分子量32.04，沸点64.7℃；又称“木醇”或“木精”，是无色有酒精气味易挥发的液体；有毒，误饮5～10mL能致双目失明，大量饮用会导致死亡。用于制造甲醛和农药等，并用作有机物的萃取剂和酒精的变性剂等。通常由一氧化碳与氢气反应制得。甲醇的分子结构如图7-7所示。

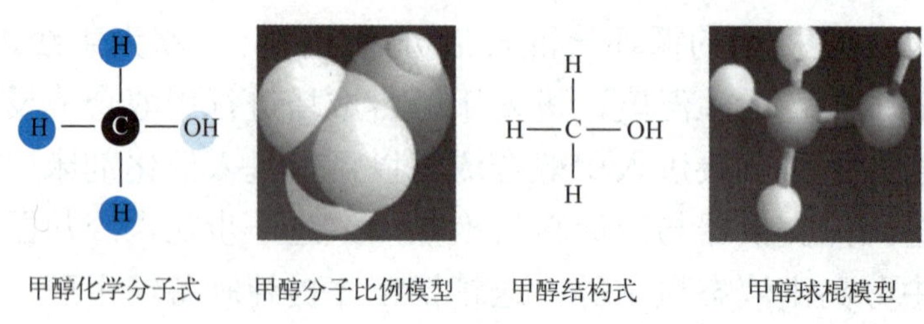

图7-7 甲醇的分子结构

甲醇的化学性质：易燃，其蒸气与空气可形成爆炸性混合物；遇明火、高热能引起燃烧爆炸；与氧化剂接触发生化学反应或引起燃烧；在火场中，受热的容器有爆炸危险；能在较低处扩散到相当远的地方，遇明火会引着回燃；燃烧分解为一氧化碳、二氧化碳、水，有剧毒。

甲醇用途广泛，是基础的有机化工原料和优质燃料。主要应用于精细化工、塑料等领域，用来制造甲醛、醋酸、氯甲烷、甲氨、硫二甲酯等多种有机产品，也是农药、医药的重要原料之一。甲醇在深加工后可作为一种新型清洁燃料，也加入汽油掺烧。甲醇和氨反应可以制造一甲胺。

2. 甲醇中毒急救措施

甲醇对人体有强烈毒性，因为甲醇在人体新陈代谢中会氧化成比甲醇毒性更强的甲醛和甲酸（蚁酸），因此饮用含有甲醇的酒可引致失明、肝病甚至死亡。误饮4mL以上就会出现中毒症状，超过10mL即可对视神经永久破坏而导致失明，30mL已能导致死亡。

初期中毒症状包括心跳加速、腹痛、上吐（呕）、下泻、无胃口、头痛、头晕、全身无力。严重者会神智不清、呼吸急速至衰竭。失明是它最典型的症状，甲醇进入血液后，会使组织酸性变强产生酸中毒，导致肾衰竭。最严重者或死亡。

皮肤接触：脱去污染的衣着，用肥皂水和清水彻底冲洗皮肤。

眼睛接触：提起眼睑，用流动清水或生理盐水冲洗，就医。

吸入：迅速脱离现场至空气新鲜处。保持呼吸道通畅。如呼吸困难，给输氧。如呼吸停止，立即进行人工呼吸。就医。

食入：饮足量温水，催吐。用清水或1%硫代硫酸钠溶液洗胃。就医。

二、甲醇生产原理

目前，工业上合成甲醇的流程分两类，一类是高压合成流程，使用锌铬催化剂，操作压力25～30MPa，操作温度330～390℃；另一类是低中压合成流程，使用铜系催化剂，操作压力5～15MPa，操作温度235～285℃。本套装置选用的流程为低压合成流程。

主要化学反应：

$$CO+2H_2 \longrightarrow CH_3OH+Q$$
$$CO_2+3H_2 \longrightarrow CH_3OH+H_2O+Q$$

【任务实施】

M7-5 甲醇生产泄漏处理演示

活动1：完成泄漏现场处置方案

根据事故现象，完成泄漏现场处置方案。

泄漏现场处置方案

事故特征	危险性分析	
	事故可能发生的区域、地点、装置	
	可能造成的伤害	
	事故前可能出现的征兆	
应急组织与职责	应急指挥小组	
	应急抢救小组	
预防措施		
现场处置		
注意事项		
报告与电话		

活动2：结合实训装置进行事故处理

1. 事故确认

（1）外操确认有上述事故现象，通知内操。

（2）向相关部门进行事故汇报。

2. 事故处理

（1）戴耐酸碱手套、穿防化服、佩戴安全帽、佩戴空气呼吸器。

（2）静电消除。

（3）现场隔离。

（4）切断新鲜气。

① 关新鲜气切断阀X2101。

② 开新鲜气放空阀X2102。

③ 关闭新鲜气进装置阀HV101。

（5）循环气压缩机紧急停车。按紧急停车按钮，停循环气压缩机K101。

（6）关闭汽轮机进汽阀HV2115。

（7）关闭汽轮机排汽阀HV2116。

（8）关闭循环气压缩机K101入口阀HV2105。

（9）关闭循环气压缩机K101出口阀HV2106。

（10）打开循环气压缩机K101出口放空阀HV2112泄压至火炬。

3. 装置紧急泄压

（1）开启PV2102远程控制阀至开度30%，系统泄压。

（2）关闭放气压力调节阀PV2103。

4. 装置补入隔离氮气

当系统压力降至0.5MPa以下时，开氮气阀HV111装置进隔离氮气。

5. 现场事故处理

（1）使用干粉灭火器灭火。

（2）火焰熄灭后，用蒸汽保护泄漏现场。

（3）停E102冷却水。

① 关水冷却器E102冷却水进口阀HV108。

② 关水冷却器E102冷却水出口阀HV107。

【任务评价】

化工生产安全技能竞赛装置评分表

参赛队伍代码								
考核工艺名称		甲醇合成						
考核项目名称及代码		反应器出口物料泄漏着火						
考核时间								
评分项目								
序号	裁判评分项目							扣分记录
1	物料标识	20处，10分	√适用					
2	重大危险源安全警示牌	甲醇生产	√适用			□1分	□0分	
3	危险化学品安全周知卡	3处，3分	√适用	□3分	□2分	□1分	□0分	
4	安全帽佩戴	安全帽	√适用		□2分	□1分	□0分	
5	防护服选择	防化服	√适用		□2分	□1分	□0分	
6	护目镜佩戴	× 不适用						
7	防护手套选择	耐酸碱	√适用		□2分	□1分	□0分	
8	防毒面具选择	空气呼吸器	√适用		□2分	□1分	□0分	
9	消除静电		√适用		□2分	□1分	□0分	
10	风向标识别	× 不适用						
11	心肺复苏	× 不适用						
12	开启洗眼器	× 不适用						
13	现场隔离		√适用		□2分		□0分	
14	盲板隔离	× 不适用						
	裁判评分项总得分　A	以上项目得分合计（　）÷26×100 =						
	电脑评分项目							
1	事故汇报得分							
2	操作得分							
3	时效得分							
	电脑评分项总得分 B	以上项目得分合计（　）×0.1 =						
	总成绩	A（　）×30%＋B（　）×70% =						
	成绩确认							
	裁判代表签字							
扣分依据								
危险化学品安全周知卡：一氧化碳、氢气、甲醇。缺少或标识错误每处扣1分。								

【巩固练习】

根据作业任务，完成反应器出口物料泄漏着火事故处理报告。

拓展阅读：“双碳”视角下的甲醇“双碳”之路

甲醇作为一种（碳、氢）能量的载体，常温常压为液态，便于储存、运输和使用。甲醇来源广泛、产业规模体量巨大、全产业链可持续发展。甲醇燃料优良的环保性更令人瞩目，已逐步为全球业界公认是一种理想的新型清洁可再生燃料。据中科院报告，甲醇燃料等热值替代燃煤、燃油，可减少80%以上的$PM_{2.5}$、95%以上的SO_2、90%以上的NO_x、50%以上的CO_2，减排效果显著。

由于多煤的能源禀赋，我国甲醇的产量80%集中于煤制甲醇工艺。在此以煤制甲醇工艺来讨论甲醇产业“双碳”之路。

煤制甲醇的碳排放与直接燃烧原煤相比，煤制甲醇燃料的二氧化碳总排放小于直接燃烧。燃煤发电方式单位煤炭的二氧化碳排放量为3.1吨，煤制甲醇燃料方式单位煤炭二氧化碳排放量在2.1～2.5吨之间，煤制甲醇比煤直接燃烧碳排放减少约30%。如果利用风光等可再生能源电解水制氢，再将煤制甲醇生产中的二氧化碳捕集起来，联合生产甲醇，则煤制甲醇燃料的碳排放将更低。

甲醇燃料的优势：甲醇作为低碳、含氧燃料，兼具汽油、柴油的燃烧特性；且在电力、氢能、甲醇、天然气、氨等新能源、清洁能源中，甲醇还是唯一的常温常压下为液态的能源，储、运、用较其他能源更加安全、清洁、高效。以能量密度为例，汽油、甲醇燃料、三元锂电池的对比如表7-4。

表7-4　汽油、甲醇燃料、三元锂电池能源的能量密度对比

燃料	能量密度	
汽油	46MJ/L	12778Wh/kg
甲醇	20MJ/L	5556Wh/kg
三元锂电池	—	240 ～ 300Wh/kg

我国对甲醇汽车的研究始于20世纪70年代，经过几十年的研发与实践积累，时至今日，甲醇汽车全产业链技术日趋成熟，多家公司也加入了甲醇汽车赛道。除了吉利之外，陕重汽、宇通汽车等一批汽车和发动机制造企业，也拥有了甲醇汽车专有技术，解决了甲醇燃料存在的腐蚀性、冷启动、溶胀性等关键技术问题，具备了甲醇汽车自主开发能力。

在甲醇燃料汽车应用上，贵阳、西安、晋中三个城市在商用化上进度最快。三地一共有2.7万辆甲醇乘用车投入出行市场运营，总运行里程接近100亿公里。每年节省汽油消耗15.8万吨，降低二氧化碳排放1. 94万吨。商用车方面，新疆、青海、山西、内蒙古、陕西、甘肃、贵州等多个省份已经将甲醇重卡投入使用，数量超过百辆。整车经济性提升18% ～32%。

参考文献

[1] 齐向阳，王树国. 化工安全技术. 3版. 北京：化学工业出版社，2021.
[2] 孙玉叶，王瑾. 化工安全技术与职业健康. 2版. 北京：化学工业出版社，2020.
[3] 刘景良. 化工安全技术与环境保护. 北京：化学工业出版社，2022.
[4] 刘长占，关荐伊. 化工安全技术. 3版. 北京：高等教育出版社，2014.
[5] 王德堂，刘睦利. 现代化工HSE装置操作技术（王德堂）. 北京：化学工业出版社，2018.